纺织服装高等教育"十三五"部委级规划教材
设计全攻略系列丛书

U0377556

手绘服装款式设计
1888例

SHOUHUIFUZHUANGKUANSHISHEJI1888LI

郭琦 著

东华大学出版社
·上海·

内 容 简 介

《手绘服装款式设计1000例》自2013年出版之后，获得读者广泛好评，被中国纺织服装教育学会评为"十二五"部委级优秀教材。为了更便于读者查阅，作者历时3年，走访了大量院校和服装企业，结合我国现有的教学特点，根据服装企业的实际需要，突出实践性和系统性，完成了本书。书内特将服装分类整理，每一品类详尽分析绘制的基本规律和方法，全书共计1888幅高质量的款式图案例，正面、背面合计4000多幅解析图例，力求透析服装款式图绘制的实质。

本书可以作为高等学校服装专业教师、学生，服装设计专业技术人员及服装爱好者的学习用书，也可与《时装画手绘表现技法》《手绘服装款式设计1000例》两本书配套使用，使读者在短时间内快速、全面地掌握服装效果图的表现技法。

图书在版编目（ＣＩＰ）数据

手绘服装款式设计1888例 / 郭琦著. -- 上海：东华大学出版社，2019.1

纺织服装高等教育"十三五"部委级规划教材
ISBN 978-7-5669-1388-3

Ⅰ．①手… Ⅱ．①郭… Ⅲ．① 服装设计-绘画技法-高等学校-教材 Ⅳ．①TS941.28

中国版本图书馆CIP数据核字（2018）第272097号

责任编辑：高路路

装帧设计：长春市新锐卓越文化传播有限公司

手绘服装款式设计1888例

著：郭琦

出　　　版：东华大学出版社（上海市延安西路1882号，邮政编码：200051）

本社网址：http://dhupress.dhu.edu.cn

天猫旗舰店：http://dhdx.tmall.com

营销中心：021-62193056　62373056　62379558

印　　刷：上海光扬印务有限公司

开　　本：889mm×1194mm　　1/16　　印张：24.5

字　　数：863千字

版　　次：2019年1月第1版

印　　次：2024年1月第3次印刷

书　　号：ISBN 978-7-5669-1388-3

定　　价：88.00元

手绘服装款式设计1888例

SHOUHUIFUZHUANGKUANSHISHEJI1888LI

总 序

General Preface

　　近年来，国内许多高等院校开设了服装设计专业，有些倾向于理科的材料学，有些则偏重于艺术的设计学，每年都有很多年轻的设计者走向梦想中的设计师岗位。但是，随着服装行业产业结构的调整和不断转型升级，对服装设计师的要求更加苛刻，良好的专业素养、竞争意识、对市场潮流的把握、对时代的敏感性等，都是当代服装设计师不可或缺的素质，自身的不断发展与完善更是当代服装设计师的必备条件之一。

　　提高服装设计师的素质不仅在于服装产业的带动，更在于服装设计的教育体制与教育方法的变革。学校教育如何适应现状并作出相应调整，体现与时俱进、注重实效的原则，满足服装产业创新型的专业人才需求，也是中国服装教育面临的挑战。

　　本丛书的撰写团队结合教学大纲和课程结构，把握时下流行服饰特点与趋势，吸纳了国际上有益的教学内容与方法，将多年丰富的教学经验和科研成果以通俗易懂的方式展现出来。该丛书既注重专业基础理论的系统性与规范性，又注重专业教学的多样性和可行性，通过大量的图片进行直观细致的分析，并结合详尽的步骤讲述，提炼了需要掌握的要点和重点，让读者轻松掌握技巧、理解相关内容。该丛书既可以作为服装院校学生的教材，也可以作为服装设计从业人员的参考用书。

目　录

第一章
服装款式图
FUZHUANGKUANSHITU

服装款式图是一种独特的时尚设计语言，是表现服装工艺结构，方便服装生产部门使用为主要目的一种绘图方式。在工业化的服装生产的过程中，服装款式图的作用远远大于服装效果图，其可以向打版师、工艺师准确传达信息，将效果图中表现不够清楚的部分，具体而准确的表现出来，所以款式图的画法比例有规范要求，款式图应强调工艺的严谨、结构的准确，服装线条清晰明确，能准确地传达设计师的意图，根据企业的要求绘制合格的款式图，使服装的设计构想能够在生产制作中得到完美的还原。

第一节 服装款式图绘制的基础人体模板

本书中所列服装款式图，都是在同一套人体模版的基础上绘制而成的，可以做到全书款式图同比例。本套模版是以9头身人体为基础比例参考，是较为接近正常人体外形的人体比例，对于服装款式图的设计以及剪裁制作有较为实用的参考价值，书中绘制的服装款式图也是较为接近服装实际形态的，为服装款式设计、服装比例与成衣比例对比等方面有一定的参照和借鉴作用。

绘制服装款式图的基本要求如下：

1）服装款式图要符合人体的结构比例。

2）由于人体是对称的，除不对称的设计外，需要对称的地方一定左右对称。

3）线条要规范。款式图的不同粗细虚实线条要有区分，不同线条代表不同的工艺要求，一般服装款式图常用粗线、中粗线、细线和虚线四种线条来绘制。

4）在指导生产时，必要的地方要有文字说明。

服装款式图的基础男女模板绘制方法如下：

人体的长度一般以头长为单位来计量，正常人体的高度为7个至8个头之间，而为了满足服装效果图的视觉美感，服装画中应用的人体比例通常会比较夸张，高度一般在8.5个至10个头之间，也有夸张到11个头，甚至12个头长的。本书人体模板采用9头身人体。

一、基础男体模板绘制

绘制步骤如图1-1-1～图1-1-10所示。

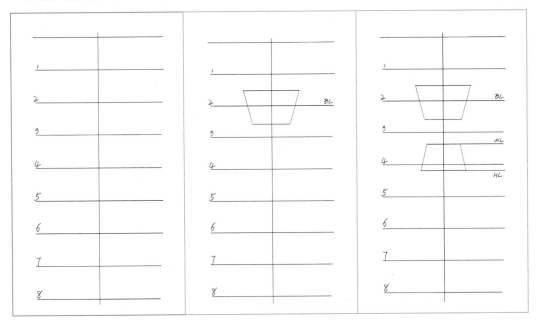

图1-1-1 男体模版绘制步骤（一）

绘制中轴线，定出模板人体的高度（从头顶到脚踝处高度即可，款式图中无需绘制脚部），平均分成8格（脚部占位约为0.5格，在这里已省略）。

图1-1-2 男体模版绘制步骤（二）

在第2格1/2处，定出肩高线，宽度为1.8个头长；第3格1/2处绘制出胸腔下围线，线宽为1.3个头长，连接肩宽线和胸腔下围线的端点，绘制出上体箱形，胸围线位于第2格线上。

图1-1-3 男体模版绘制步骤（三）

第4格线上1/3处绘制出腰围线，宽度为1个头长。第5格上1/6处绘制臀围线，线宽为1.5个头长，连接臀围线与腰围线端点，绘出下体箱形。

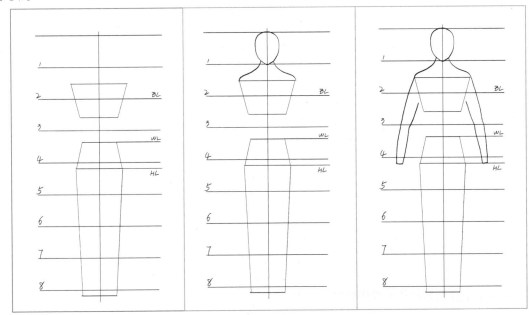

图1-1-4 男体模版绘制步骤（四）

在第9格上1/6处定出脚踝线，宽度为1个头长，与下体箱形连接，人体基础箱形绘制完成。

图1-1-5 男体模版绘制步骤（五）

绘制出头部，并绘制颈部曲线连接至肩部，男性的颈部曲线呈梯形结构，脖根处比较宽厚。

图1-1-6 男体模版绘制步骤（六）

绘制上臂曲线，肩部要与颈线圆滑对接，手臂与身体呈30°～45°角。肘部在第3格线上，绘制手臂曲线到肘部时要注意曲线变化。

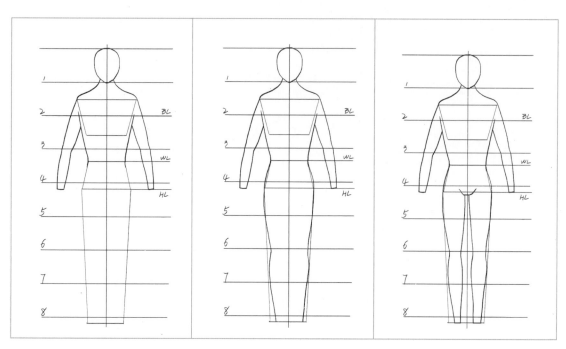

图1-1-7 男体模版绘制步骤（七）

沿上体箱形，到腰围线绘制出上体体形。

图1-1-8 男体模版绘制步骤（八）

从腰围线出发，经臀围线绘制腿部曲线，膝盖位置约在第6格线上。

图1-1-9 男体模版绘制步骤（九）

定出臀部最低点的位置，约在第5格上1/3处，绘制出腿部内侧线条。线条在膝盖部位要有变化，臀部底端要有一定距离的短横线。

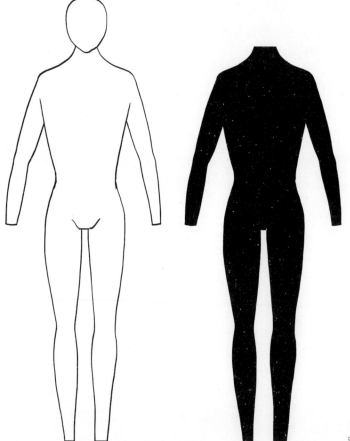

10 男体模版绘制步骤（十）

灰绘制完成，胸围线在第2格线上，式图时，头部可以忽略。

二、基础女体模板绘制

绘制步骤如图1-1-11～图1-1-20所示。

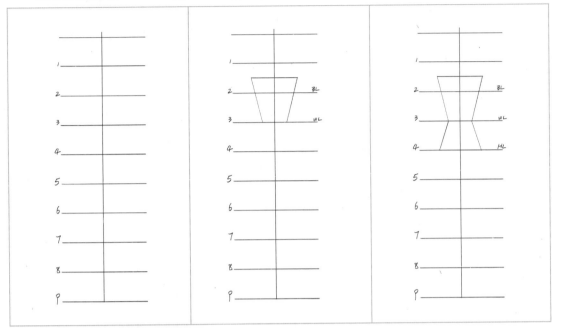

图1-1-11 女体模版绘制步骤（一）

绘制中轴线，定出模板人体的高度（从头顶到脚踝处高度即可，款式图中无需绘制脚部），平均分成9格（脚踝在第9格1/2处）。

图1-1-12 女体模版绘制步骤（二）

在第2格1/2处，定出肩高线，宽度为1.5个头长；在第3格处绘制腰围线，线宽为1个头长，连接肩宽线和腰围线的端点，绘制出上体箱形呈梯形结构。

图1-1-13 女体模版绘制步骤（三）

第4格线上绘制出臀围线，宽度为1.5个头长，连接腰围线与臀围线的端点，得到下体箱形。

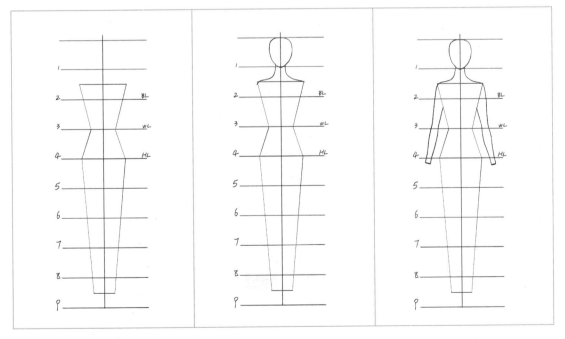

图1-1-14 女体模版绘制步骤（四）

在第9格1/2处定出小于1个头长的线段与下体箱形连接，人体基础箱形绘制完成。

图1-1-15 女体模版绘制步骤（五）

绘制头部、颈部曲线连接至肩部，女性的颈部较为纤细，脖根处转折较大，肩部弧线微微挑起。

图1-1-16 女体模版绘制步骤（六）

绘制上臂曲线，肩部要与颈线圆滑对接，手臂与身体呈30°～45°角。肘部在第3格上方，绘制手臂曲线到肘部时要注意线条的变化。

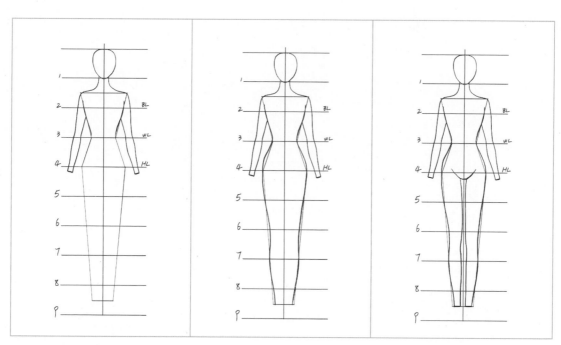

图1-1-17 女体模版绘制步骤（七）　图1-1-18 女体模版绘制步骤（八）　图1-1-19 女体模版绘制步骤（九）

沿上体箱形，到腰围线绘制出上体体形，由于女性胸部的结构特征，上体箱型在胸部应有些弧度变化。

从腰围线出发，经臀围线绘制腿部曲线。膝盖位置约在第7格上1/2处，绘制腿部曲线到膝盖部位要有曲线变化。

定出臀部最低点的位置，约在第4格偏下一点的地方，绘制出腿部内侧线条。线条在膝盖部位要有变化，臀部底端要有一定距离的短横线。

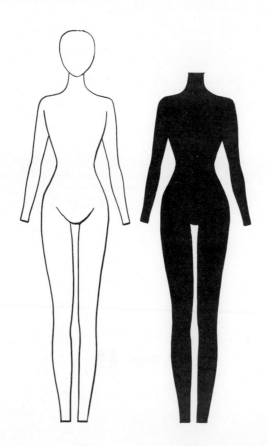

图1-1-20 女体模版绘制步骤（十）

人体模板绘制完成，胸围线在第3格上方，绘制款式图时，头部可以忽略。

第二节 服装款式图的绘制要点

一、服装款式图的线条

　　服装款式图绘制的主要意义在于体现服装的结构与裁剪工艺，同时，不同的线条也代表着不同的缝制工艺，在款式图的设计和绘制中应注意表现。款式图的绘制中经常使用的线条为实线和虚线。单实线分为粗、中粗、细线三种基本线条。粗实线为服装轮廓线，中粗实线为服装结构线、细线为服装缝纫线，虚线则代表明线（图1-2-1、图1-2-2）。

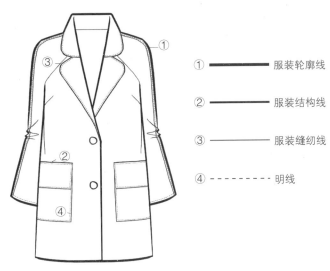

① —— 服装轮廓线

② —— 服装结构线

③ —— 服装缝纫线

④ - - - - - - - 明线

图1-2-1 服装结构实物　　　　　　　　　　图1-2-2 款式图绘制及线条说明

　　除这三种基本线条的表现外，款式图中还经常需要绘制服装褶纹和着装褶纹。服装褶纹指的是由于服装结构和制作工艺而使面料产生的褶纹，如在腰部、肩部和袖口等部位，由于服装结构上的抽褶、收省等制作工艺而形成的褶纹（图1-2-3、图1-2-4）。服装褶纹也经常被运用为款式设计的一部分，漂亮的褶纹也可以成为服装设计的一个亮点（图1-2-5、图1-2-6）。

图1-2-3
服装褶纹实物

图1-2-4
服装褶纹款式图的绘制表现

图1-2-5
褶纹应用实物

图1-2-6
褶纹应用绘制表现

着装褶纹在服装款式图绘制中的表现也十分重要。着装褶纹是服装穿着于人体上，由于面料的软硬程度及垂感，自然而然形成的着装褶纹，或是由于人体动作、服装堆积等因素而产生的褶纹（图1-2-7~图1-2-10）。

图1-2-7
服装褶纹实物

图1-2-8
服装褶纹款式图的绘制表现

图1-2-9
褶纹应用实物

图1-2-10
褶纹应用绘制表现

二、基本加工工艺的符号表现

服装款式图的线条表现中，对于缝纫加工的表述要求要准确。所以在绘制款式图之前，需要首先了解基本加工工艺在款式图绘制线条中的符号表现。

（一）基础缝纫线

基础缝纫线，也称为服装结构线，是服装各部件之间缝合所形成的缝纫线条,在款式图绘制中用细实线来表现(图1-2-11)。单一的细实线缝纫线一般表示内里的缝份左右分开熨烫压平（图1-2-12），当然也可能存在缝份倒向一边的情况。

图1-2-11缝纫实图

图1-2-12 缝纫线结构表现

（二）明线的几种缝纫形式

明线在制作工艺中有着不可替代的作用，其既可以使缝份平整规矩，又可以产生一定的美观效果（图1-2-13）。款式图绘制中要濇明确明线与实线的位置关系。缝份可以为左右分开样式，也可以倒向某一侧。缝份左右分开时，需要缝纫明线的运用比较少见，但不排除用于装饰线条的情况（图1-2-14）。

图1-2-13 明线的缝制

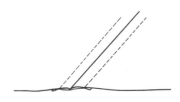  

图1-2-14 缝份分开式结构表现　　图1-2-15 缝份右侧倒向结构表现　　图1-2-16 缝份左侧倒向结构表现

正常情况下，如需缝纫明线，则明线在哪一侧，缝份便倒向哪一侧（图1-2-15、图1-2-16）。双明线多用于收边部位、装饰部位等（图1-2-17、图1-2-18）。

 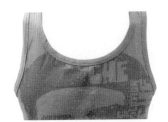

图1-2-17 装饰性双明线的应用　　　　图1-2-18 功能型双明线的应用

三、服装款式图的褶纹表现

（一）着装褶纹表现

着装褶纹主要出现在人体可曲折部位，如肘部、膝部，或人体结构起伏较大的部位，如肩部、胸部和臀部等。着装褶纹绘制的曲线形态可以直接体现出面料的厚度、柔软度、附着在人身体上的状态以及距离人体的空间距离等信息（图1-2-19~图1-2-36）。

 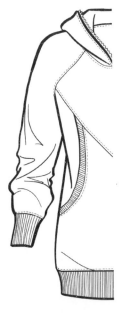  

图1-2-19
肘部着装褶纹实例　　图1-2-20
肘部着装褶纹表现　　图1-2-21
肩部面料自然垂感褶纹实例　　图1-2-22
肩部自然垂感褶纹表现

图1-2-23
较硬面料着装褶纹实例

图1-2-24
较硬面料着装褶纹的表现

图1-2-25
腰部收紧着装褶纹实例

图1-2-26
腰部收紧着装褶纹的表现

图1-2-27
斜裁大裙摆垂感褶纹实例

图1-2-28
斜裁大裙摆垂感褶纹表现

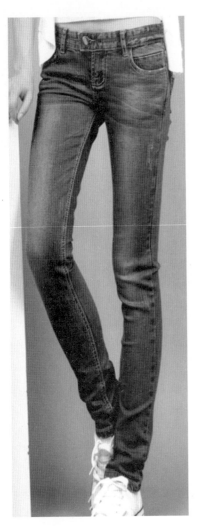

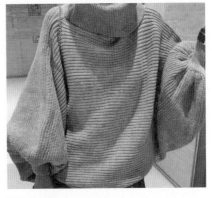

图1-2-31
宽松服装着装褶纹实例

图1-2-32
宽松服装着装褶纹表现

图1-2-29
紧身牛仔裤着装褶纹实例

图1-2-30
紧身牛仔裤着装褶纹表现

图1-2-33
较紧外套着装褶纹实例

图1-2-34
较紧外套着装褶纹表现

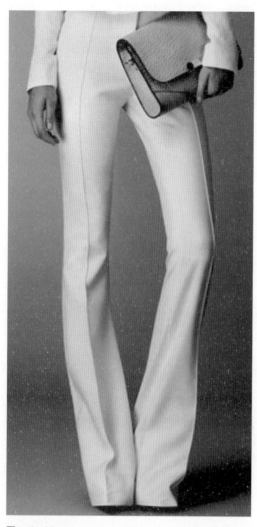

图1-2-35
长裤柔软面料着装褶纹实例

图1-2-36
长裤柔软面料着装褶纹表现

（二）工艺褶纹的表现

　　工艺褶纹指利用抽褶、收省等工艺手段，使服装达到造型或装饰的需求，一般多出现在领口、袖口、腰部等部位。现代时装设计中经常会使用抽褶方式，使服装造型看起来更为别致、立体。褶纹的设置和处理是服装设计中经常使用的手段，其可以使服装呈现出多样的立体造型，并能达到一定的余量处理作用。现代服装设计中也经常会利用褶纹工艺达到面料再造的装饰效果，令服装看起来别出新裁（图1-2-37~图1-2-82）。

服装工艺褶纹表现实例

图1-2-37 紧收袖口褶纹实例　　　　　　　图1-2-38 紧收袖口褶纹表现

1-2-39 灯笼造型抽褶应用实例　图1-2-40 灯笼造型抽褶应用表现　图1-2-41 肩部抽褶应用实例　　图1-2-42 肩部抽褶表现

1-2-43 领口叠褶造型实例　　图1-2-44 领口叠褶表现　　图1-2-45 复合叠褶实例　　图1-2-46 复合叠褶表现

 小贴士　褶纹的线条处理不仅可以表现出服装的结构特点与加工工艺，如压褶、抽褶、折叠褶纹等，更能通过线条的曲线，体现出服装面料的软硬和质地。

服装工艺褶纹表现实例

图1-2-47 抽褶装饰应用实例

图1-2-48 抽褶装饰表现

图1-2-49 门襟抽褶实例

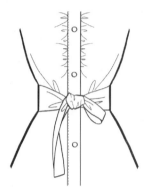
图1-2-50 门襟抽褶表现

图1-2-51 多层抽褶造型实例

图1-2-52 多层抽褶造型表现

图1-2-53
侧缝抽褶造型实例

图1-2-54
侧缝抽褶造型表现

图1-2-55
抽褶装饰造型实例

图1-2-56
抽褶装饰造型表现

图1-2-57 夸张造型压褶应用实例

图1-2-58 夸张造型压褶的表现

图1-2-59
单向折叠式压褶实例

图1-2-60
单向折叠式压褶表现

图1-2-61
折叠对接式压褶实例

图1-2-62
折叠对接式压褶表现

图1-2-63 捏褶应用实例

图1-2-64 捏褶应用表现

图1-2-65 百褶裙应用实例

图1-2-66 百褶裙的表现

图1-2-67 松紧抽褶实例　　　　图1-2-68 松紧抽褶的表现

图1-2-69 多层纱质抽褶裙摆实例

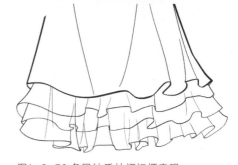

图1-2-70 多层纱质抽褶裙摆表现

图1-2-71 欧根纱材质褶纹实例

图1-2-72 欧根纱材质褶纹表现

图1-2-73 轻纱斜裁裙摆实例

图1-2-74 轻纱斜裁裙摆表现

图1-2-76 腰部叠褶表现

图1-2-75 腰部叠褶实例

图1-2-77 堆叠式抽褶造型实例

图1-2-78 堆叠式抽褶造型表现

图1-2-79 叠加式创意造型服装实例

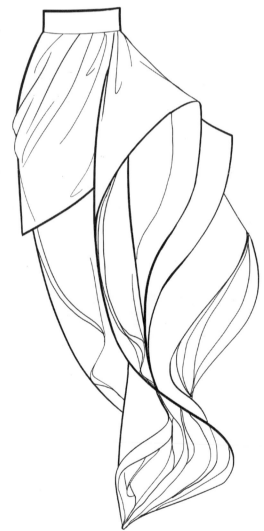

图1-2-80 叠加式创意造型服装表现

图1-2-81 创意多层压褶纱质裙装实例

图1-2-82 创意多层压褶纱质裙装表现

第三节 人体着装款式图比例分析

　　人体着装状态的各部位比例关系，如领深范围、收腰范围、下摆范围等比例，是有一定 规律可循的。在前述人体模版的基础上，总结和规划出一套基本的人体着装比例数据，在绘图时，可参考使用。文中分别列举了男体着装比例、女体着装比例以及裤装着装比例的参考值，在实际 使用中，可在参考数值基础上进行相应的变化，但要注意不能脱离服装结构的合理性。

一、男体着装款式图绘制比例分析（上装）

　　以男款正装（三粒扣西装）为例，服装款式图各部位比例关系绘制步骤如下：

　　1. 从中心线上取两点作为背长，服装的背长是指从后领深起点至腰围线WL，并向下取背长的1/2长度，作为服装摆围线（图1-3-1）。

　　2. 后领深至下摆线的距离为衣长，将衣长平均分成 5 份（指在男士正装，及下摆盖过臀部3~5cm的常规情况下），即可划分出浅领口范围、深领口范围、收腰范围和下摆范围。浅领口范围一般为男士衬衫、夹克衫等浅领口服装的取值范围，深领口范围大多用于西装领口的取值范围。服装的收腰部位可根据服装款式自由落点，但大致不会超出常规收腰取值范围。在领口取值范围取中点即为胸围线BL（图1-3-2）。

　　3. 设胸围线到背长的1/2点处距离为线段a，胸围线到衣长的2/5处距离为线段b，则从领深线向上取a线段距离为领口线，从胸围线向下取1/2的b线段长度为第一粒扣位置，从领口线向过中心线向第一粒扣位置绘制西装领口弧线；腰围线向下取a线段距离为第三粒扣位置（图1-3-3）。

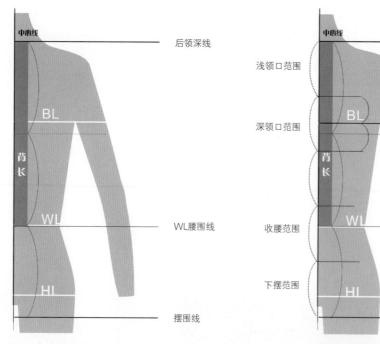

图1-3-1 男体服装比例绘制步骤1

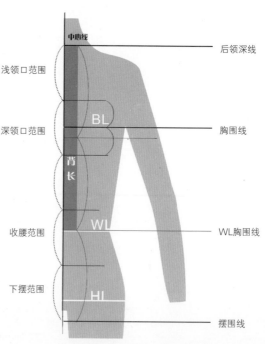

图1-3-2 男体服装比例绘制步骤2

4. 从摆围线向上取2a线段距离为臀围线WL，从后领深向下取 2a 线段距离为肩线，按照服装各部位曲线特点绘制出服装箱形。服装底摆应有一定的曲线弧度，以底摆围为中心线向上向下取等距离即为曲线的起点和终点。绘出服装领部结构及细节。服装第一粒扣子和第三粒扣子的中间位置为第二粒扣的位置，也就是服装曲肘部位（图1-3-4）。

5. 绘制服装袖子。袖子肘部弯曲位置在第二粒扣高度，袖口位置略低于臀围线（图1-3-5）。

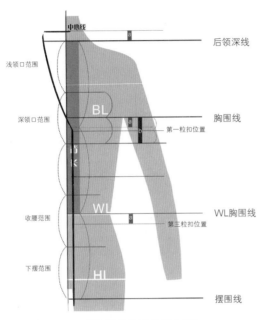

图1-3-3 男体服装比例绘制步骤3

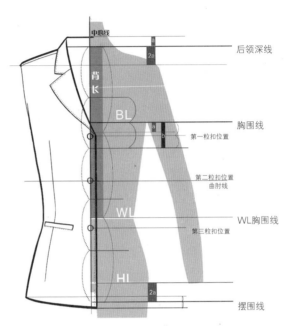

图1-3-4 男体服装比例绘制步骤4

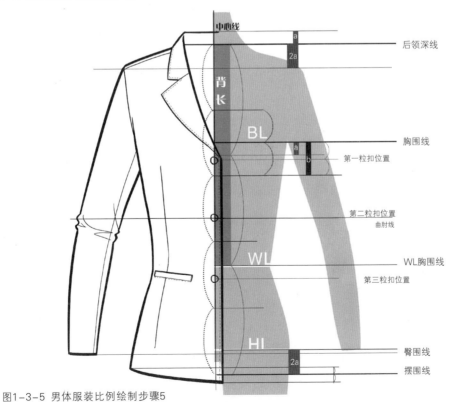

图1-3-5 男体服装比例绘制步骤5

二、女体着装款式图绘制比例分析（上装）

女体着装款式图绘制比例同男体基本相同，这里以女款正装（3粒扣西装）为例，服装款式图各部位比例关系绘制步骤如下：

1. 从中心线上取两点作为背长，服装的背长是指从后领深起点至腰围线WL，1/2背长处约为胸围线位置，向下取1/2长度定点，作为服装摆围线，得出基础衣长（图1-3-6）。

2. 将后领深至下摆线的距离（衣长），平均分成4份（指在女士正装，下摆至臀围线上2~5cm的情况下），分别为浅领口范围、深领口范围、收腰范围和下摆范围。浅领口范围一般为女士衬衫、夹克衫、T恤衫等浅领口服装的取值范围，深领口范围大多用于西装、礼服及裙装等服装的领口取值范围。服装的收腰部位可根据服装款式自由落点，但大致不会超出常规收腰取值范围。在领口取值范围取中点即为胸围线BL（图1-3-7）。

3. 设腰围线到收腰范围底端线的距离为a，从深领口线向上取a线段距离为领口线，即为第一粒扣位置，从领口线过中心线向领口位置绘制西装领口弧线；第三粒扣位置在收腰范围底端线上，第一粒扣与第三粒扣中间为第二粒扣位置（图1-3-8）。

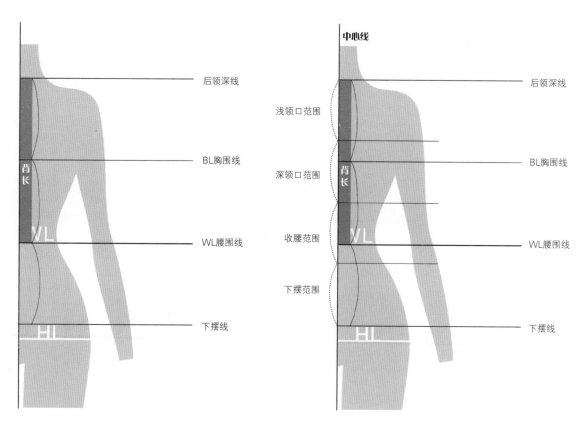

图1-3-6 女体服装比例绘制步骤1　　　　　　图1-3-7 女体服装比例绘制步骤2

4．从第一粒扣位置向上至西装领与中心线的交点处的距离为b，由底围线向下取距离b为服装正面底摆位置，由后领深线分别向上向下取距离b，找出后领座高位置和肩线位置，绘制服装基本形及相应的领型、细节等（图1-3-9）。

5．绘制服装袖子。袖子肘部弯曲位置在腰围线上，从服装正面底摆位置继续向下取b距离为袖口线，浅领口线与肩线间的距离是袖山高（图1-3-10）。

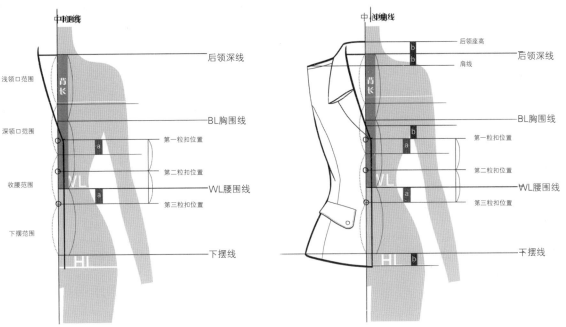

图1-3-8 女体服装比例绘制步骤3   图1-3-9 女体服装比例绘制步骤4

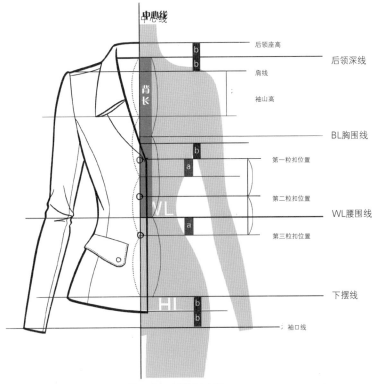

图1-3-10 女体服装比例绘制步骤5

三、裤子着装款式图绘制比例分析（下装）

裤子的着装绘制比例男女基本相同，这里以女款长度到脚脖位置的常规紧身裤装为例，进行详细的比例分解，绘制步骤如下：

1. 从中心线上取两点作为裤长，裤长的起点为腰围线，终端为脚口线（图1-3-11）。

2. 将裤长均分成5份，第一格为收腰放胯的曲线部位，一收一放构成裤子上半部的曲线造型，这一格的上半部分为收腰范围，下半部分为放胯范围；向下的几部分，形成了短裤范围、中裤范围、中长裤范围、长裤范围。中裤的最长位置为5分裤位置，中长裤范围的上半部分为7分裤，下半部分为8分裤，长裤的上半部分为9分裤，下半部分为长裤（图1-3-12）。

3. 取一格的1/5距离为线段a，在最上一格的范围线向上取a线段为臀围线。臀围线到脚口线距离的中点为膝盖部位，腰围线向下取线段a为裤腰高度，根据比例关系绘出裤子外侧廓型，7分裤与8分裤中间位置为小腿肚的位置（图1-3-13）。

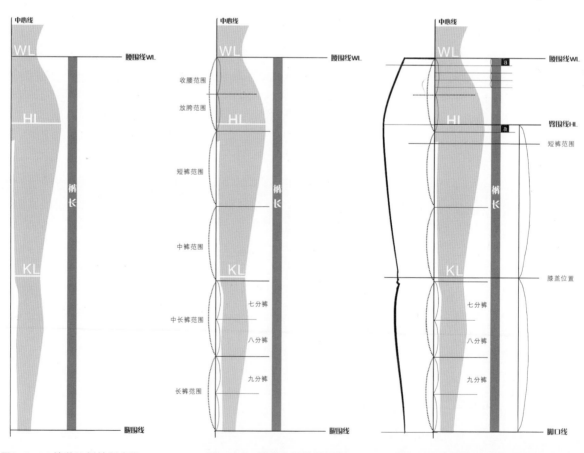

图1-3-11 裤装比例绘制步骤1　　　　图1-3-12 裤装比例绘制步骤2　　　　图1-3-13 裤装比例绘制步骤3

4. 从臀围线到膝盖线位置取1/8距离为线段b，臀围线向下取b距离，为裤裆位置，根据比例关系绘制裤子内侧廓型（图1-3-14）。

5. 完善裤子细节，绘制相应部位的褶纹关系（图1-3-15）。

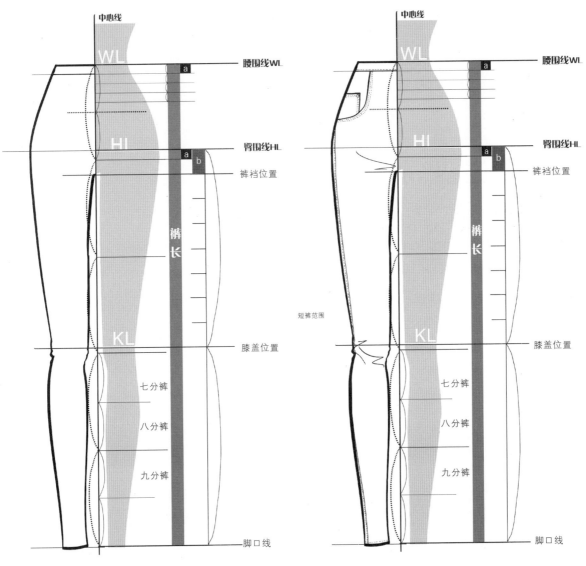

图1-3-14 裤装比例绘制步骤4   图1-3-15 裤装比例绘制步骤5

第二章
西装款式图
XIZHUANGKUANSHITU

西装大约是在晚清时期由西方传入中国的一种服饰，可谓是"泊来文化"的发展和延续。到现代已经是人们在较为正式场合中的主要着装。

传统西装一般有三个衣兜、领口为翻领或驳领，左侧领口有花眼，长度在臀围线以下；男装为左襟搭右襟，女装为右襟搭左襟。随着时代的发展，西装也在随着人们的习惯和审美观的变化而变化，以展现不同的时代特色。现代西装设计中，大量使用了夸张、不对称、对比等手法，同时融入许多现代元素，使之更具别样的张力和生命力，已经不仅仅局限于传统西装的框架内。

在着手绘制西装款式图时，应首先了解和掌握西装的制作工艺及过程，例如：西装的省位线一般开在哪里？都有哪几种裁剪方式？高级西装的领口是自然翻转过来的而不是压烫而成的等。其次还要了解西装的着装效果，即服装与人体之间的距离是怎样的，这样我们才会知道哪里应该线条流畅挺括、哪里应该线条硬朗、哪里应该线条柔和、褶纹会产生在哪里、哪里的褶纹可以省略、哪里的褶纹是应该画上去等。这些知识可以使我们在绘制款式图时达到画其外而形其内的程度，不至于脱离人体基础，而显得不伦不类。

西装在很多颇为正式的场合都具有礼仪服饰的意义，经常搭配领结、领花等，通过搭配不同的配饰及色彩使用，达到不同效果和气质。如浅色西装搭配领结、领花，可以表现得华丽高雅，用于婚礼、酒会；黑色西装搭配深色或白色衬衫，显得庄重、典雅，用于会议、仪式、葬礼等；浅色、亮色西装应用于酒会、时尚派对、演出；深色西装用于较为正式的场合等；有时西餐厅的服务生也会着正式西装以体现对顾客的尊重和敬业精神。

现代女性西装的变化很多，素材的应用也较为宽泛，女西装的款式要求远远没有男西装的限制多。休闲西装的产生更是大大的拓宽了西装的概念和使用范围，甚至可以成为人们日常休闲着装的完美搭配。

西装的分类大致有以下几种：

1. 按西装件数分类：有单件西装式、二件套西装（上衣、裤子/裙子）、三件套西装（上衣、背心、裤子/裙子）；

2. 钮扣分类：有单排扣西装和双排扣西装；

3. 按版型分类：有欧版西装、英版西装、美版西装和日版西装。

4. 按领型分类：有平领、戗领、驳领。

5. 按制作工艺和风格分类:有正式西装和休闲西装。

第一节 常用西装款式图

一、常用西装款式绘制要点

常用西装，泛指人们日常生活中经常穿着使用的西装，常见于公司、企业等办公或公务等场合穿着。常用西装以"合身"为前提，绘制中，款式不宜太宽松，应展现出西装笔挺干练的感觉，胸部挺括，收腰合体。

常用西装款式图绘制步骤如图2-1-1~图2-1-6所示。

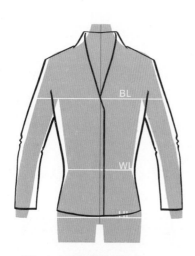

图2-1-1 绘制服装外轮廓

图2-1-2 绘制服装结构线及分割线

图2-1-3 绘制服装部件及装饰物、钮扣等

图2-1-4 绘制服装明线、省位线

图2-1-5 绘制着装褶纹

图2-1-6 绘制服装背面款式图

二、常用西装款式图

日常使用西装外形变化不是十分明显，所有的变化都集中在领型、兜袋和下摆形式的变化上，绘制中充分掌握这些细微变化，才能更好的传达出西装的设计意图。

西装的领型变化非常具有时代性，它的变化演绎着时尚的变革和更替。西装是一种十分考究的服饰，其领型的选用对服装风格的变化有着十分显著的决定作用（图2-1-7~图1-1-16）。

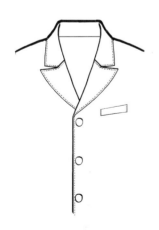

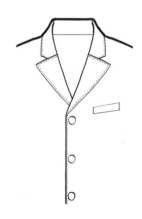

图2-1-7 三粒扣小戗驳领　　图2-1-8 三粒扣连体翻折西装领　　图2-1-9 三粒扣小西服领

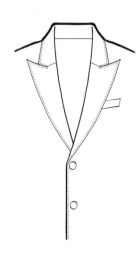
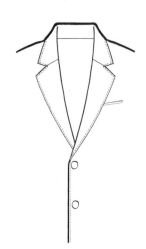
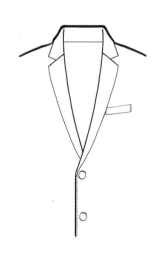

图2-1-10 二粒扣大戗驳领　　图2-1-11 二粒扣大西装领　　图2-1-12 二粒扣时尚窄边西装领

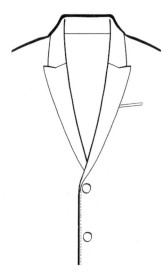
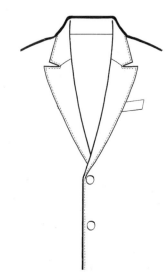

图2-1-13 二粒扣时尚窄边戗驳领　　　　　图2-1-14 二粒扣时尚翻折领

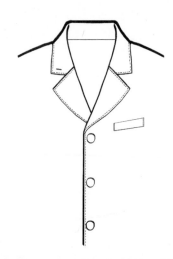
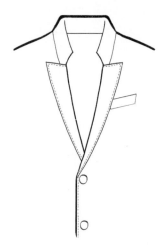

图2-1-15 三粒扣小圆边翻折西装领　　　　图2-1-16 二粒扣时尚后立领式西装领

 小贴士　西装领型造型变化较少，细微的改变就会代表一个时代的时尚，领口高低的变化是西装的一个重要设计点。

常见西装兜袋的变化

　　西装兜袋的变化是与整体的款式、领型相搭配的，与领型的风格起着遥相呼应、相辅相承的作用。传统西装是十分注意兜袋的位置、大小及做工的，优质的兜袋做工可以大大提升服装整体的精致度，可以成为区分西装档次的重要元素（图1-1-17～图1-1-26）。

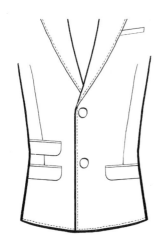

图2-1-17 不对称挖袋带遮盖式

图2-1-18 对称贴袋式

图2-1-19 贴袋带遮盖式

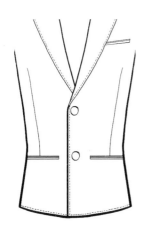

图2-1-20 挖袋无遮盖式

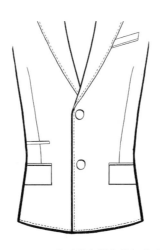

图2-1-21 非对称多样挖袋组合式

图2-1-22 创意贴袋式

图2-1-23 四袋挖袋式

图2-1-24 无盖挖袋非对称式

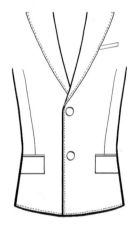

图2-1-25 方形兜盖式

图2-1-26 倾斜式带盖挖袋式

小贴士 西装的兜袋变化可以直观的体现出西装的风格特色。要充分了西装兜袋的制作工艺，才能正确绘制好兜袋的款式和形态。

常见西装下摆的变化

　　西装下摆的宽松度、长度、形状都是与整体设计息息相关的。适合的处理可以对设计起到延展和承接的重要作用。不同形式的下摆，对服装的整体造型起着十分关键的作用。如下摆收紧，则整体服装会呈现V型，下摆放开则为X型，下摆与胸宽一样则为H型。圆型下摆与直角型下摆也会影响服装整体风格（图1-1-27～图1-1-35）。

图2-1-27 非对称式创意下摆

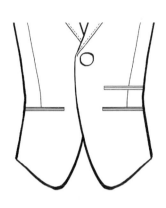

图2-1-28
前襟伸长开衩式圆边下摆

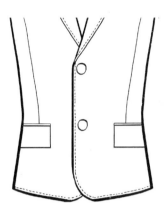

图2-1-29 规范圆边下摆

图2-1-30 开衩式尖下摆

图2-1-31 圆口下摆

图2-1-32 叠门式一字型下摆

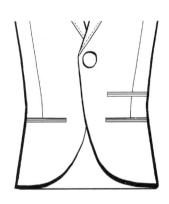

图2-1-33 开衩式大圆边下摆

图2-1-34 开衩式直角边下摆

图2-1-35 圆弧式下摆

 衣摆的形状与弧度大小的变化，都会给人不同风格的视觉感受。衣摆的不同长短可以令服装整体风格发生变化。

男款常见西装款式图

　　男款西装在细节上的变化比较多，领型、兜袋、下摆的造型相互配合以达成风格的变化与形成，外形的变化不是十分明显。其他元素的融入也可以使服装看起来别有意味（图2-1-36~图2-1-52）。

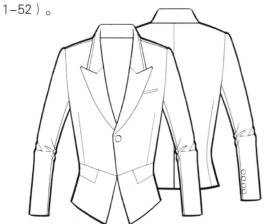

图2-1-36 大开衩前襟式戗驳领男款西装

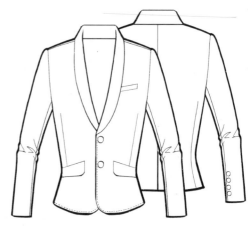

图2-1-37 圆边窄领式男款西装

图2-1-38 单片大翻领式男款西装

图2-1-39 小领座大戗驳领式男款西装

图2-1-40 中腰裁剪式小领边式男款西装

图2-1-41 中袖戗驳领式男款西装

图2-1-42 长腰戗驳领式男款西装

图2-1-43 长腰多袋式男款西装

图2-1-44 剪裁线式男款西装

图2-1-45 双层领边式男款西装

图2-1-46 窄边直角领型式男款西装

图2-1-47 贴袋明线、装饰式男款西装

小贴士　绘制服装箱型时要注意内在形体的体现。西装后开叉一般有单开衩和双侧开衩，两种形式交替流行。

图2-1-48 门襟镶边式男款西装

图2-1-49 贴袋、圆领口式男款西装

图2-1-50 长款刀型窄边领口西装

图2-1-51 尖角门襟式西装

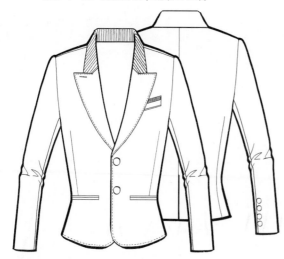

图2-1-52 拼接领式西装

 小贴士 西装的兜袋设计一般都是很规范的三个兜，位置和开口大小都较为固定。

女款常见西装款式图

　　女款西装在外形上就可以做出很多的变化来。服装的长短、外形结构以及领型、兜袋形式、下摆的变化都是十分多样的。设计的时候可以不必过多地拘泥于形式，绘制时也可以无需在意是否过于夸张（图2-1-53～图2-1-65）。

图2-1-53 常用公主线造型女款西装

图2-1-54 常用连肩式公主线造型女款西装

图2-1-55 戗驳领式女款西装

图2-1-56 单片大翻领式女款西装

图2-1-57 衬衫翻领式女款西装

图2-1-58 单扣式女款西装

图2-1-59 常用窄领式女款西装　　　　图2-1-60 变化领型式女款西装

图2-1-61 变化堆堆领式女款西装　　　　图2-1-62 小立领式女款西装

图2-1-63 时尚流线袋口式女款西装　　　　图2-1-64 长下摆式女款西装

小贴士　多材质的使用，可以使服装看起来更丰富绚丽。

现代西装设计感极强，绘制中要注意结构的细微变化。

常用西装款式一般不会过于复杂，装饰物也不多，绘制时要注意线条的整洁。

图2-1-65 圆下摆式女款西装

第二节 休闲西装款式图

一、休闲西装款式图绘制要点

休闲西装也属于日常着装范畴，但不像常用西装般正式，穿着搭配十分灵活，款式也不再呆板单调，可以添加很多的装饰及配件，深受年轻人喜爱，穿着的场合也很广，是百搭外套服装。因其款式时而修身时而宽松，款式图绘制中要注意宽松款放松度的把握。也可适当利用少量褶纹来体现服装的宽松度。

休闲西装款式图绘制步骤如图2-2-1~图2-1-6所示。

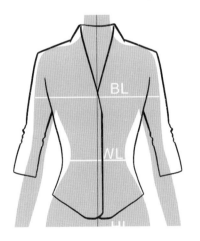

图2-2-1 勾画服装外轮廓

图2-2-2 绘制服装结构线及分割线

图2-2-3 画出服装部件及装饰物、钮扣等

图2-2-4 绘制服装明线、省位线

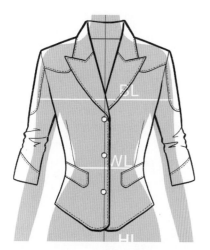

图2-2-5 绘制着装褶纹

图2-2-6 完成服装背面款式图

二、休闲西装款式图

休闲西装可以用于普通办公场合、非正式礼仪场合和平时休闲，故而款式上就不再拘泥于传统西装了。服装的长度、宽松度都有会有很多变化。穿搭上也更为多样百搭，可以起到修身显瘦、显高的视觉效果，是年轻人的必备搭品之一。

男款休闲西装在颜色与长度上放得比较开，对西装造型的挺括和工艺的要求还是比较传统、一丝不苟的，其他元素可以变化多样，但是万变不离其宗，西装的基本元素和制作工艺还是要遵循的（图2-2-7～图2-2-33）。

男款休闲西装款式图

图2-2-7 镶钻装饰立领式男款休闲西装

图2-2-8 条纹装饰线式男款休闲西装

图2-2-9 肩背剪裁式男款休闲西装

图2-2-10 非对称门襟式男款休闲西装

图2-2-11 小尖口式男款休闲西装

图2-2-12 镶边领口式男款休闲西装

图2-2-13 单片窄翻边式男款休闲西装

图2-2-14 四贴袋式男款休闲西装

图2-2-15 双排扣式男款休闲西装

图2-2-16 夸张造型袋式男款休闲西装

图2-2-17 时尚拼接式男款休闲西装

图2-2-18 全明线贴袋式男款休闲西装

 小贴士 休闲西装通常会使用更多的装饰来丰富整体设计。

图2-2-19 肩袖拼接式男款休闲西装

图2-2-20 时尚拼接圆边式男款休闲西装

图2-2-21 时尚明线式男款休闲西装

图2-2-22 带肩章式男款休闲西装

图2-2-23 单片大翻领式男款休闲西装

图2-2-24 肩部拼接装饰式男款休闲西装

小贴士　休闲西装在裁剪上十分灵活多变。

图2-2-25 肩部拼接镶钻式男款休闲西装　　　　图2-2-26 时尚拼接式男款休闲西装

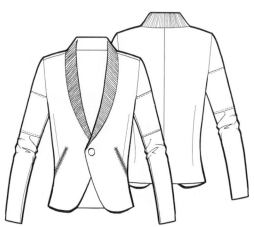

图2-2-27 多材质拼接式男款休闲西装　　　　图2-2-28 肩部装饰式男款休闲西装

图2-2-29 金属装饰式男款休闲西装　　　　图2-2-30 纹理拼接式男款休闲西装

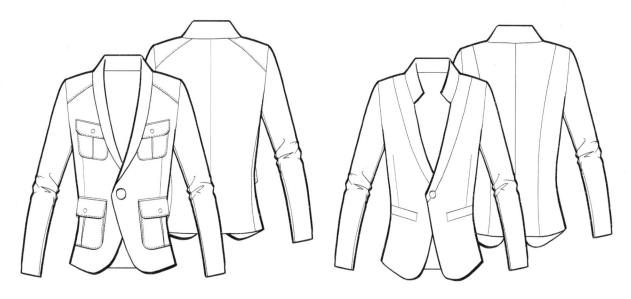

图2-2-31 单扣四袋式男款休闲西装　　　　　　图2-2-32 单扣小立领式男款休闲西装

图2-2-33 单扣双层领式男款休闲西装

小贴士　绘制薄款休闲西装时，要注意通过褶纹表现出面料的柔软度。大胆的面料使用和服装面料再造手法可以使服装更具特色。明线的使用，可以是设计点之一。

女款休闲西装款式图

　　女款休闲西装是办公女性经常穿着的服饰，可以搭配裙装、裤装、牛仔裤等，穿搭灵活多样且修身效果好。服装的做工和面料选择要考究，多选用挺括面料。也有夏季穿着的薄款西装，多使用亚麻、冰丝材质，但是做工也只能减至最简（图2-2-34～图2-2-66）。

图2-2-34 排扣式女款休闲西装

图2-2-35 中腰镶钻式女款休闲西装

图2-2-36 泡泡袖式女款休闲西装

图2-2-37 短款收腰式女款休闲西装

图2-2-38 短款卡腰无领式女款休闲西装

图2-2-39 非对称蝴蝶结门襟式女款休闲西装

图2-2-40　修身翻袖式女款休闲西装　　　　图2-2-41　木耳边侧摆式女款休闲西装

图2-2-42　修长拼接打褶式女款休闲西装　　图2-2-43　双层装饰式女款休闲西装

图2-2-44　双门襟式女款休闲西装　　　　　图2-2-45　无领装饰门襟式女款休闲西装

 兜袋设计也可以通过增加不同的装饰和元素，以形成丰富的变化。

图2-2-46 泡泡袖大裙边式女款休闲西装　　　图2-2-47 肌理花型装饰式女款休闲西装

图2-2-48 横向剪裁式女款休闲西装　　　　图2-2-49 短款小立领式女款休闲西装

图2-2-50 长款大翻领式女款休闲西装　　　图2-2-51 连袖式女款休闲西装

 小贴士　　休闲西装区别于正式西装，款式上的主要变化在于兜袋、袖口、裁剪线及分割线上。

图2-2-52 斜向剪裁式女款休闲西装

图2-2-53 多材质拼接剪裁式女款休闲西装

图2-2-54 真丝材质领口拼接式女款休闲西装

图2-2-55 单片翻领式女款休闲西装

图2-2-56 小立领式女款休闲西装

图2-2-57 蝴蝶结装饰兜袋式女款休闲西装

 小贴士　休闲西装的兜袋设计可以很灵活，可以添加更多的细节，甚至可以是非对称式。

图2-2-58 连身领口式女款休闲西装　　图2-2-59 木耳边缘装饰式女款休闲西装

图2-2-60 单钩对接门襟式女款休闲西装　　图2-2-61 长款裙摆式女款休闲西装

图2-2-62 花边下摆式女款休闲西装　　图2-2-63 斜向拼接式女款休闲西装

图2-2-64 斜裁堆堆领式女款休闲西装

图2-2-65 非对称腰带式女款休闲西装

图2-2-66 单扣圆领式女款休闲西装

小贴士 设计师会经常通过服装不对称感的设计来展现服装的创意性。

第三节 创意西装款式图

一、创意西装款式图绘制要点

　　创意西装主要应用于礼仪活动、舞台演出及秀场等场合。礼仪用西装一般包括燕尾服、演出西装等。演出类西装装饰华丽、款式新颖时尚、个性十足；燕尾服类礼仪西装做工考究、穿法及配饰讲究规范，绘制此类西装时，结构交待是重点表现方面。

　　创意西装款式图绘制步骤如图2-3-1~图2-3-6所示。

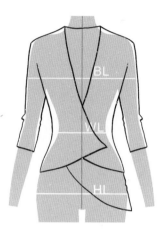

图2-3-1
绘制服装外轮廓

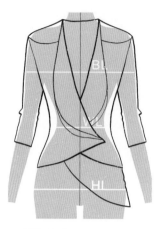

图2-3-2
绘制服装结构线及分割线

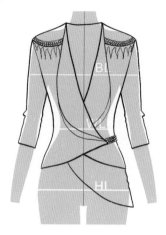

图2-3-3
绘制服装部件及装饰物、钮扣等

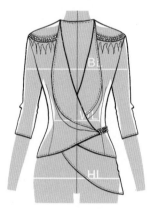

图2-3-4
绘制服装明线、省位线

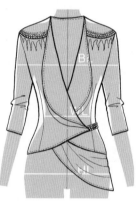

图2-3-5
绘制着装褶纹

图2-3-6
绘制服装背面款式图

二、创意西装款式图

创意西装多用于演绎场合，如演出、主持等活动。服装上使用的装饰和配饰也会较多。为更多考虑到舞台效果，使用闪亮饰品点缀更是频繁。同时面料的选择上也尽显华贵明艳。

男款创意西装多见于时尚及综艺场合，演出类使用较多。此类服装外形变化不是十分明显，更多在于细节上的变化与装点（图2-3-7～图2-3-32）。

男款创意西装款式图

图2-3-7 多元素结合非对称式创意款男西装

图2-3-8 多材质组合创意款男西装

图2-3-9 精简立领创意款男西装

图2-3-10 拼接创意款男西装

图2-3-11 非对称创意款男西装

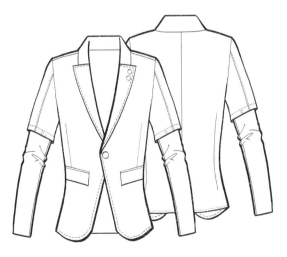

图2-3-12 复加式休闲创意款男西装

图2-3-13 局部细节创意款男西装

图2-3-14 衣摆创意款男西装

图2-3-15 拼接结构创意款男西装

图2-3-16 时尚领口元素创意款男西装

图2-3-17 非对称交叉式门襟创意款男西装

图2-3-18 长款门襟创意款男西装

 小贴士　演出用西装在形式和装饰上的应用是十分灵活的，这些也是绘制的重点。

图2-3-19 非对称领口创意款男西装

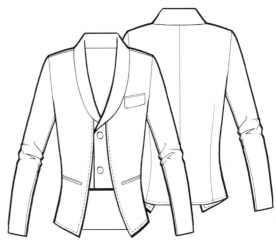

图2-3-20 双层结构创意款男西装

图2-3-21 双层面料非对称创意款男西装

图2-3-22 双层结构非对称创意款男西装

图2-3-23 门襟创意款男西装

图2-3-24 复合下摆创意款男西装

小贴士　演出服装的装饰一般都是十分夸张和复杂的，绘制时对于某些部件的绘制要有繁有简。

图2-3-25 双肌理材质运用创意款男西装　　　　图2-3-26 多元材质拼接创意款男西装

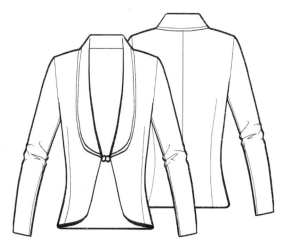

图2-3-27 对接门襟创意款男西装　　　　图2-3-28 立裁领口及结构拼接创意款男西装

图2-3-29 多元素结合创意款男西装　　　　图2-3-30 多元素结合单扣式创意款男西装

图2-3-31 多元素结合对襟式创意款男西装

图2-3-32 多元素结合非对称门襟式创意款男西装

 演出服装的创意是无限的，永远都在追求如何才能与众不同不落俗套，怎样才能更大限度的抓住观众眼球成为绘制的关键。

女款创意西装款式图

女款创意西装常见于时装走秀、演出等。设计大胆，有时仅保留西装的领子，装饰也较多，设计手法可以融入更多元素，不必限定在传统的西装框架中（图1-3-33～图1-3-86）。

图2-3-33 折叠式门襟创意款女西装

图2-3-34 肩部装饰创意款女西装

图2-3-35 双材质领口创意款女西装

图2-3-36 夸张泡泡袖创意款女西装

图2-3-37 双肌理材质运用创意款女西装

图2-3-38 复合式下摆创意款女西装

图2-3-39 拼接结构创意款女西装

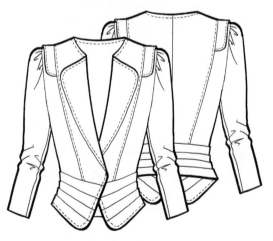

图2-3-40 双材质拼接创意款女西装

 小贴士 女款创意西装的设计点很多，领口、袖口、衣摆、胸部造型以及收腰、背部都可以成为精彩的设计点，绘制中要注意体会和表现。

图2-3-41 双材质领型创意款女西装　　　　图2-3-42 创意剪裁线款女西装

图2-3-44 长款领口半开式创意款女西装

图2-3-43 长款领口创意款女西装

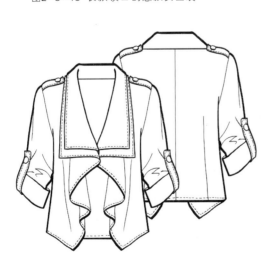 

图2-3-45 全开门襟创意款女西装　　　　图2-3-46 对比硬度材质使用创意款女西装

小贴士　着装褶纹的绘制和表现也是服装设计的一个重点。

图2-3-47 省道创意位移款女西装　　　　图2-3-48 创意裁剪领型女西装

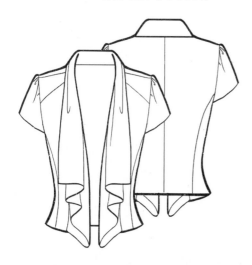

图2-3-49 双材质领口创意款女西装　　　　图2-3-50 局部双材质点缀创意款女西装

图2-3-51 非对称式双剪裁创意款女西装　　　　图2-3-52 装饰材质运用创意款女西装

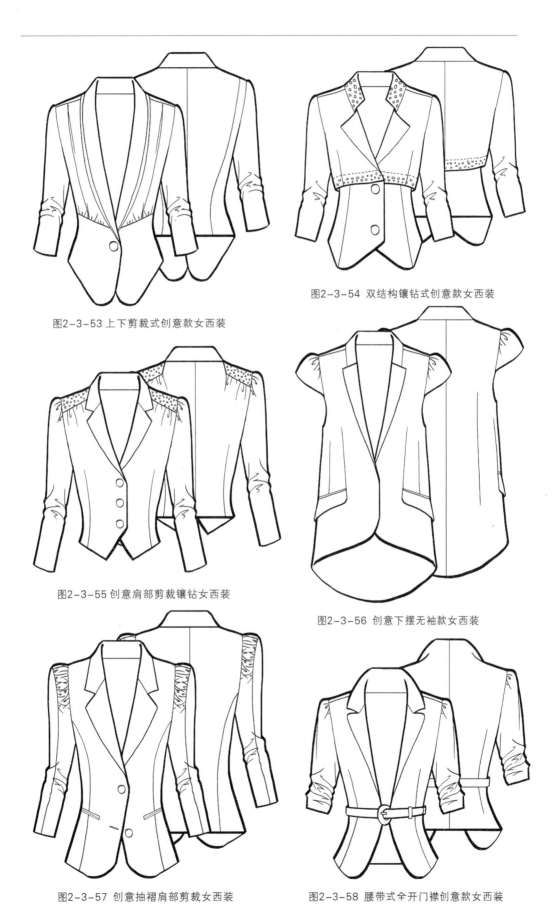

图2-3-53 上下剪裁式创意款女西装

图2-3-54 双结构镶钻式创意款女西装

图2-3-55 创意肩部剪裁镶钻女西装

图2-3-56 创意下摆无袖款女西装

图2-3-57 创意抽褶肩部剪裁女西装

图2-3-58 腰带式全开门襟创意款女西装

图2-3-59 双肌理拼接创意款女西装

图2-3-60 复合结构创意款女西装

图2-3-61 对襟式全明线创意款女西装

图2-3-62 上下斜向剪裁式创意款女西装

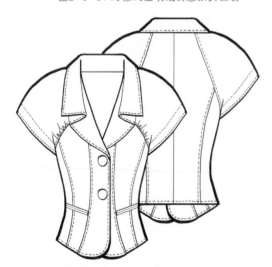

图2-3-63 插肩抽褶半袖式创意款女西装

图2-3-64 创意下摆款女西装

 小贴士　服装造型的创意和大胆运用，可以构成更为有效的视觉效果。

图2-3-65 无袖休闲创意款女西装

图2-3-66 斜裁叠纹式创意款女西装

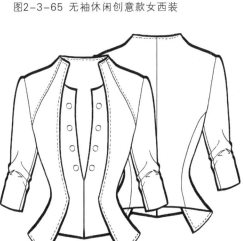

图2-3-67 双层结构剪裁创意款女西装

图2-3-68 收腰式创意款女西装

图2-3-69 双材质使用创意款女西装

图2-3-70 无袖时尚创意款女西装

图2-3-71 夸张门襟创意款女西装

图2-3-72 复合式镶边门襟创意款女西装

图2-3-73 双材质拼接及装饰创意款女西装

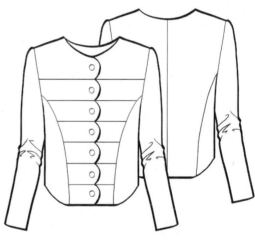

图2-3-74 花型门襟创意款女西装

图2-3-75 创意领口女西装

图2-3-76 夸张肩部创意款女西装

图2-3-77 创意门襟侧开扣合式女西装　　图2-3-78 直线型创意款女西装

图2-3-79 时尚夸张耸肩式创意款女西装　　图2-3-80 复合式领口创意款女西装

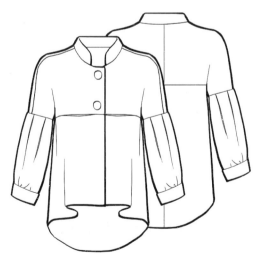 

图2-3-81 宽松下摆创意款女西装　　图2-3-82 创意领口造型女西装

 女款的创意西服在设计中不必拘泥于西装特色本身。

图2-3-83 夸张领口双材质创意款女西装

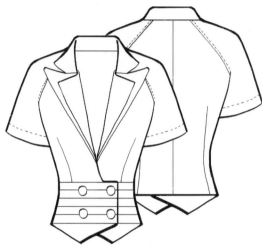

图2-3-84 时尚收腰创意款女西装

图2-3-85 立体剪裁创意门襟女西装

图2-3-86 百合造型下摆创意款女西装

 面料的褶纹和堆叠是服装造型设计中较为常见的手法，绘制中要注意表现。

第三章
衬衫、T恤、夹克款式图
CHENSHANTXUJIAKEKUANSHITU

衬衫、T恤与夹克服装是人们生活中最为常见的服装款式，在制服类服装中经常会使用到。在现代服装设计中，早已经在衬衫和夹克服装的基础款式上，发生了极大的变化和发展，但是基础款式依然为人们所喜爱。现代衬衫设计中使用的时尚元素和创意设计风格很多，但是基础款却从未在商场中下架。

第一节 衬衫款式图

衬衫是穿在内外上衣之间、也可单独穿用的上衣。中国周代已有衬衫，称中衣，后称中单。汉代称近身的衫为厕腧。宋代已用衬衫之名。现称之为中式衬衫。公元前16世纪古埃及第18王朝已有衬衫，是无领、袖的束腰衣。14世纪诺曼底人穿的衬衫有领和袖头。16世纪欧洲盛行在衬衫的领和前胸绣花，或在领口、袖口、胸前装饰花边。18世纪末，英国人穿硬高领衬衫。维多利亚女王时期，高领衬衫被淘汰，形成现代的立翻领西式衬衫。19世纪40年代，西式衬衫传入中国。衬衫最初多为男用，20世纪50年代渐被女子采用，现已成为常用服装之一。衬衫是除内衣之外的第二件贴身服装，现代男装中经常是直接贴肤穿着。之所以称为"衬衫"，可见更重要的作用在于衬字，主要是用来衬托外套或正装来穿着的。大多衬衫都收袖口，就是这个原因。但是现代的衬衫通常也外穿，款式不再有严格限制，是春夏人们主要穿着的服装。

衬衫的类型大致可以分为正装衬衫、休闲衬衫、便装衬衫、家居衬衫、度假衬衫。正装衬衫用于礼服或西服正装的搭配。便装衬衫用于非正式场合的西服搭配穿着。家居衬衫用于非正式西服的搭配，如配搭毛衣和便装裤，居家和散步穿着，度假衬衫则专用于旅游度假。

衬衫的风格可以按照人们的着装习惯、风格以及地域来划分，常见的有英式衬衫、法式衬衫、美式衬衫和意大利衬衫。在这里也可以加入中式衬衫。每一种衬衫都会有其不同于其他之处。

绘制衬衫类服装的时候，需要注意的几个要点部位，主要是领口、袖口以及前门襟的表现与绘制。在款式图的表现上，经常会使用着装褶纹和结构褶纹。着装褶纹可以用来表现服装的软硬度，结构褶纹是衬衫类服装设计款式造型的基础。

一、衬衫款式绘制步骤

衬衫的绘制要点主要在领口和袖口部位的结构表现和细节绘制上。这两个部位的设计和造型直接影响和决定衬衫的用途与风格定位。绘制步骤如下：

1. 绘制服装廓型，精确体现服装的造型特点和松紧程度（图3-2-1）。

2. 绘制服装结构线，明确服装各部位的结构，如领型等（图3-2-2）。

3. 绘制服装配饰及其他组件，如钮扣、钉珠、蝴蝶结等（图3-2-3）。

4. 绘制服装缝纫线、明线，缝纫线包括省位线、裁剪线、拼接线等（图3-2-4）。

5. 整理绘图，绘制完成（图3-2-5）。

图3-1-1
绘制衬衫轮廓型

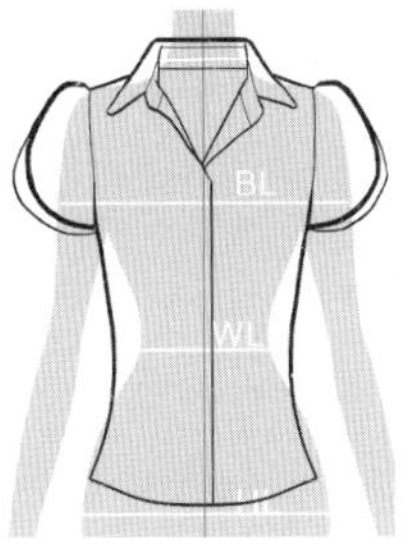

图3-1-2
绘制衬衫结构线

图3-1-3
绘制衬衫配饰、钮扣

图3-1-4
绘制衬衫裁剪线、明线

图3-1-5
绘制完成

二、衬衫款式图（图3-1-6~图3-1-47）

图3-1-8 V型开领蝴蝶结衬衫

图3-1-6 层叠式褶纹领口衬衫

图3-1-7 大荷叶领口衬衫

图3-1-9 弧形底摆牛仔衬衫

图3-1-10 胸口抽褶式衬衫

图3-1-11 连领系带式长腰衬衫

衬衫款式图

图3-1-12 大荷叶肩式短版卡腰衬衫

图3-1-13 折叠风琴门襟式衬衫

图3-1-14 堆叠式大荷叶设计复古衬衫

图3-1-15 Z型堆叠领欧式衬衫

图3-1-16 圆领对襟欧式衬衫

图3-1-17 大开领带肩垫欧式衬衫

 小贴士　衬衫面料多为较为挺直的棉布面料，在绘制表现时直线较多。

衬衫款式图

图3--1-18 大袖摆休闲衬衫

图3-1-19 前襟堆叠式休闲衬衫

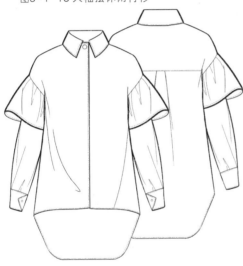

图3-1-20 大荷叶肩袖休闲衬衫

图3-1-21 折叠领口休闲衬衫

图3-1-22 宽腰带款时尚休闲衬衫

图3-1-23 飞檐领式收腰衬衫

衬衫款式图

图3-1-24 露肩式小领时尚衬衫

图3-1-25 拼接蕾丝款小领无袖衬衫

图3-1-26 胸口交叠式创意衬衫

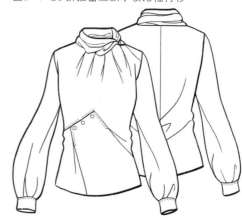

图3-1-27 领口收褶式创意衬衫

图3-1-28 长款收腰创意衬衫

图3-1-29 欧式宫廷收腰式休闲衬衫

衬衫款式图

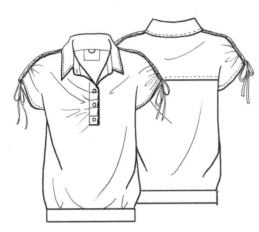

图3-1-30 半开门襟收褶式休闲衬衫　　　　图3-1-31 飞袖款多层结构创意衬衫

图3-1-32 短袖翻口时尚衬衫　　　　图3-1-33 堆袖款时尚创意衬衫

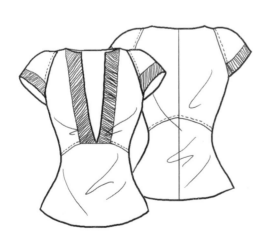

图3-1-34 罗纹口半开门襟衬衫　　　　图3-1-35 V领休闲带袋式衬衫

 较为柔软的面料，可以通过服装褶纹绘制以及线条的曲线表达。

衬衫款式图

图3-1-36 泡泡袖款叠襟衬衫

图3-1-37 领口系带式时尚衬衫

图3-1-38 拼接材质散摆衬衫

图3-1-39 无袖衬衫裙

图3-1-40 门襟抽褶式长摆衬衫

图3-1-41 单侧门襟抽褶式休闲衬衫

衬衫款式图

图3-1-42 假领带式时尚男衬衫

图3-1-43 大V领口式男衬衫

图3-1-44 领口系带式带袋时尚男款衬衫

图3-1-45 拼肩式时尚男衬衫

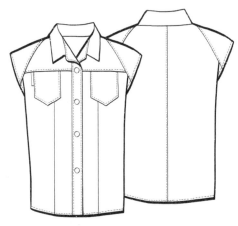

图3-1-46 拼接式男针织衬衫

图3-1-47 无袖款时尚男衬衫

 小贴士 男款衬衫多以挺括造型为主，以体现精神、干练的效果。

衬衫款式图

图3-1-48 大圆摆后襟式休闲衬衫

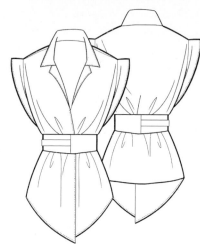

图3-1-49 飞檐式肩袖款休闲衬衫

图3-1-50 一字领露肩式时尚衬衫

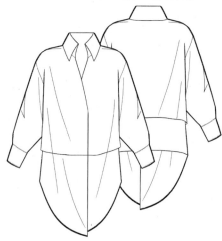

图3-1-51 双层结构休闲衬衫

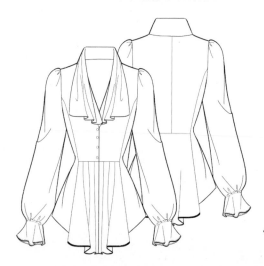

图3-1-52 堆叠领欧式宫廷衬衫

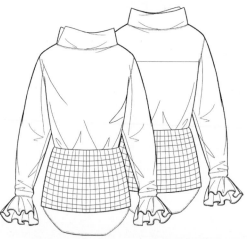

图3-1-53 双材质拼接时尚衬衫

衬衫款式图

图3-1-54 双层结构创意衬衫

图3-1-55 长系带领口长摆衬衫

图3-1-56 连身款非对称创意衬衫

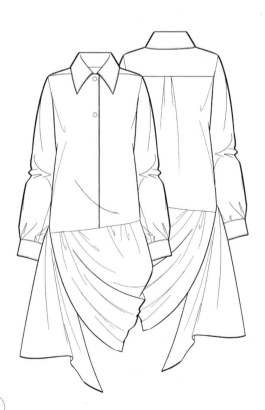

图3-1-57 上下结构式非对称创意衬衫

小贴士　现代衬衫设计更偏重于个性化，在原有衬衫结构的基础上变化和演化，表现时除了要准确传达出服装设计造型外，更要注重服装结构的交代准确。

第二节 T恤款式图

T恤衫又称T型衫。起初是内衣，实际上是翻领半开领衫，后来才发展成为外衣，包括T恤套衫和T恤衬衫两个系列。

T恤衫穿着与衬衫基本是一样的，可以理解为是另一种形式的衬衫，多为针织面料制作，主要为套头式，大多没有门襟，以穿脱简单为主要特点，是休闲装束的主要着装，在运动装款式中的应用更为广泛。

一、T恤款式图绘制要点

由于T恤衫是人们在各种场合都可穿着的服装，款式上也略有变化，如在T恤衫上作适当的装饰，即可增添无穷的韵味。可采用油性签字笔在浅色的T恤衫上用英文字母或汉语拼音写上自己或心中偶像的名字，可画上几笔简单而充满情趣的简笔画，显得潇洒而别致。也可采用五彩毛线在T恤衫的两只袖上挑出斑斑点点的小碎花或是简单的几何图形，显得别有情趣。还可以把两件花色迥然不同的T恤衫纵向剪成两半，互换后拼缝起来，可形成特殊的风格。把不再穿着的旧T恤衫下沿剪下一圈，可作发带使用，飘逸在青少年妇女的头上，更加显得活泼可爱，充满浪漫主义的情调。通过这些加工制作，可使T恤衫增添无穷的魅力，既时尚又有趣，成为当今一大潮流。

T恤的款式图中，更多的变化是在拼接结构上。T恤的款式变化并不太多，多以套头式结构为主，但是图案及丰富的拼接技巧使得服装款式丰富起来，配饰的使用令服装看起来不再简单无奇。所以绘制T恤的时候，服装元素的表现远比服装造型的表现要重要得多。着衣褶纹在这里成为可有可无的角色，如果画面过于简单，可适当使用。

二、T恤款式图绘制步骤

T恤衫款式图绘制步骤：

1. 绘制T恤服装轮廓线，廓型要流畅准确（图3-2-1）。

2. 绘制T恤服装结构线、裁剪线、省道线等（图3-2-2）。

3. 绘制T恤服装配饰、配件、钮扣等内容（图3-2-3）。

4. 绘制T恤服装明线（图3-2-4）。

5. 绘制T恤服装褶纹关系，注意着装褶纹和结构褶纹的关系表现（图3-2-5）。

6. 绘制完成，绘制T恤服装背面款式图（图3-2-6）。

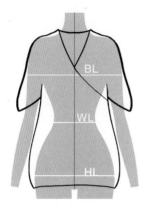

图3-2-1
绘制T恤衫轮廓型

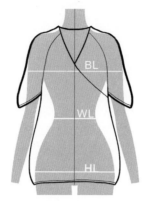

图3-2-2
绘制T恤衫结构线

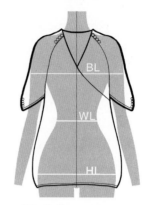

图3-2-3
绘制T恤衫衫配饰、钮扣

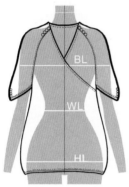

图3-2-4
绘制T恤衫裁剪线、明线

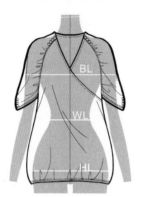

图3-2-5
绘制T恤衫褶纹

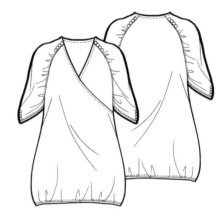

图3-2-6
绘制完成，绘制背面款式图

T恤衫款式图

三、T恤衫款式图（图3-2-7~图3-2-25）

图3-2-7
堆叠袖口休闲T恤

图3-2-8
短袖小V剪口T恤

图3-2-9
无袖结构T恤

T恤衫款式图

图3-2-10 交叠前襟式休闲T恤

图3-2-11 U型领口T恤

图3-2-12 编织领口T恤

图3-2-13 蝙蝠袖带帽式休闲T恤

图3-2-14 露背式时尚无袖T恤

图3-2-15 斜开一字领口露肩时尚T恤

 小贴士　T恤是人们日常生活中穿着最普遍的服饰，服装面料多为柔软针织面料，穿着更为合身，线条也更为柔和。

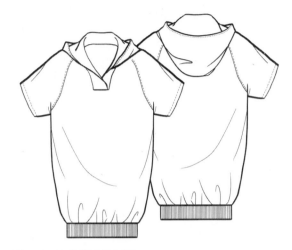

图3-2-16 大V型剪口T恤　　　　图3-2-17 连帽式休闲T恤

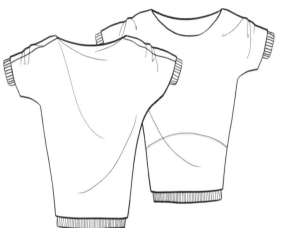

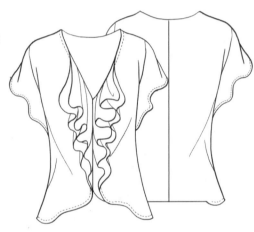

图3-2-18 蝙蝠袖一字领休闲T恤　　　图3-2-19 斜裁多层荷叶领休闲T恤

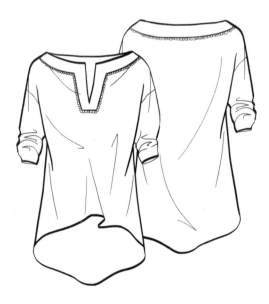

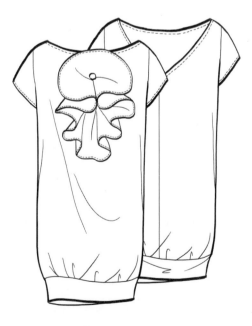

图3-2-20 一字小剪口休闲T恤　　　图3-2-21 连袖花朵装饰款休闲T恤

图3-2-23 荷叶形装饰休闲T恤

图3-2-22 创意装饰下摆U型领口时尚T恤

图3-2-24 不规则掐褶式休闲T恤

图3-2-25 双层结构休闲T恤

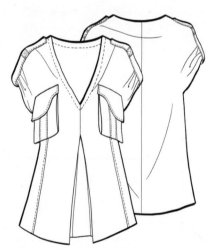

图3-2-26 堆叠袖口带袋式休闲T恤

图3-2-27 对襟式休闲T恤

 小贴士 T恤衫的设计和剪裁是不拘一格的，绘制表现时要注意褶纹关系的处理。

图3-2-28 假两件休闲T恤

图3-2-29 翻口连袖休闲T恤

图3-2-30 松紧波纹下摆休闲T恤

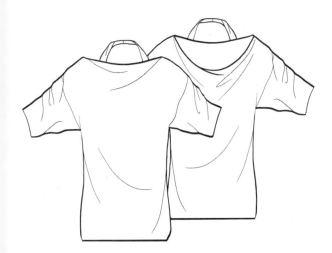

图3-2-31 一字七分袖款休闲T恤

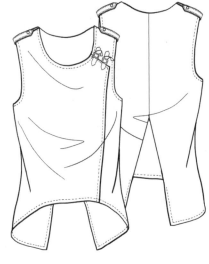

图3-2-32 坎袖假对襟式休闲T恤

图3-2-33 对襟连袖长款休闲T恤

图3-2-34 对襟修身款长袖T恤

图3-2-35 创意泡泡袖时尚短T恤

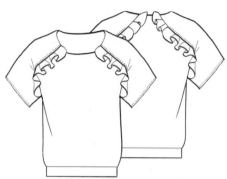

图3-2-36 荷叶边插肩袖时尚短T恤

图3-2-37 针织袖款时尚T恤

图3-2-38 U型领滚边下摆时尚T恤

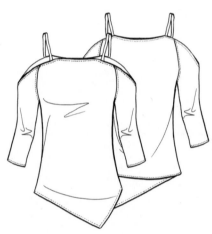

图3-2-39 一字领吊带时尚T恤

图3-2-40 衣袖连裁时尚T恤

图3-2-41 抽肩袖时尚T恤

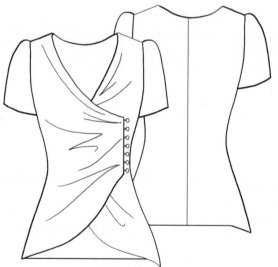

图3-2-42 对襟抽摺时尚T恤

小贴士 时尚款T恤衫褶纹处理较多，在绘制过程中要注意内在人体结构的表现。

第三节 夹克款式图

夹克的英文是Jacket，20世纪80年代开始流行，是从猎装和战时的飞行服装演变而来并逐步被大众接受的服装，泛指衣长较短，收袖口、收下摆的短款上衣或外套，广泛应用于正装、休闲装、运动装等领域，是青年人喜爱的一款可以充分彰显个性的服装。夹克衫可以制作成春夏穿着的薄款，也可以制作成棉质的冬款，可谓一年四季皆宜的服饰。

夹克、短外套在款式风格上的变化以及穿着应用的跨度都非常大，时而清新温柔，时而刚毅坚定、时而个性时尚、时而摇滚跃动；领型、开襟方式以及服装上的装饰十分灵活多变，在青年人、老年人甚至童装中的穿着应用非常普遍，另外在时尚庆典的礼服中经常可以找到夹克的身影，舞台中的应用也很多。

从其使用功能上来分，大致可归纳为三类：作为工作服的夹克、作为便装的夹克、作为礼服的夹克。在现代生活中，夹克衫轻便舒适的特点，使夹克同其他类型的服装款式一样，以更加新颖的姿态活跃在世界各民族的服饰生活中。

一、夹克款式图绘制要点

收袖口和下摆是夹克区别于一般短外套的主要特征，也是鉴别夹克称呼的重要量行标准，在此类服装绘制中，一定要体现出袖口和下摆的"收"，以及衣身的"放"，收放的方式和度都要掌握准确，因为即使是非常小的变化都会给人不一样的感受。夹克自形成以来，款式演变可以说是千姿百态的，不同的时代，不同的政治、经济环境，不同的场合、人物、年龄、职业等，对夹克的造型都有很大影响。在世界服装史上，夹克已形成了一个非常庞大的家族。夹克服常用于运动装、皮装中。

二、夹克款式图绘制步骤

夹克款式图绘制步骤：

1. 绘制夹克装廓线，廓型要流畅准确（图3-2-1）。
2. 绘制夹克结构线、裁剪线、省道线等（图3-2-2）。
3. 绘制夹克配饰、配件、钮扣等内容（图3-2-3）。

4. 绘制夹克服装明线（图3-2-4）。

5. 绘制夹克褶纹关系，注意着装褶纹和结构褶纹的关系表现（图3-2-5）。

6. 绘制完成，绘制夹克背面款式图（图3-2-6）。

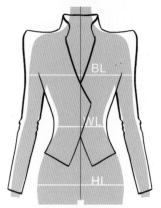

图3-3-1 绘制夹克轮廓线

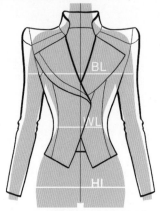

图3-3-2 绘制夹克剪裁结构线

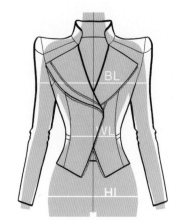

图3-3-3 绘制夹克拉链、兜袋等配件

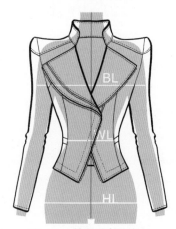

图3-3-4 绘制夹克明线

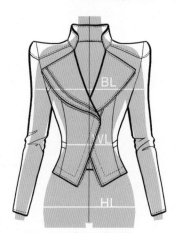

图3-3-5 绘制夹克褶纹

图3-3-6 绘制完成，绘制背面款式图

三、夹克服款式图（图3-2-7~图3-2-25）

图3-3-7 圆领装饰边短款夹克

图3-3-8 棒球领式短款夹克

夹克款式图

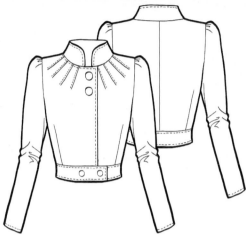

图3-3-9 领口收褶式小立领夹克

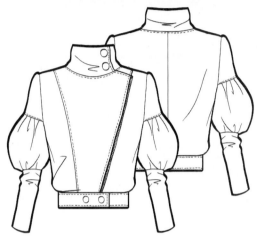

图3-3-10 创意泡泡袖款立领短夹克

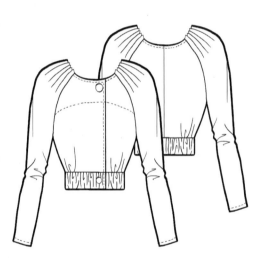

图3-3-11 肩部捏褶式时尚短夹克

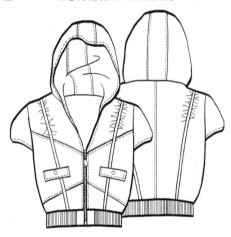

图3-3-12 连帽款短袖时尚夹克

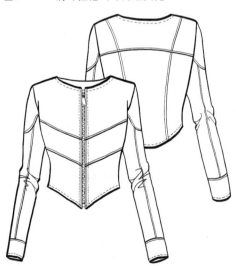

图3-3-13 斜向剪裁款皮质短夹克

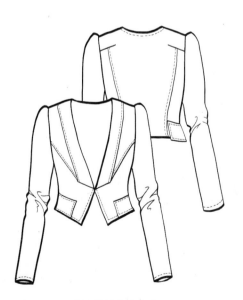

图3-3-14 大西装领款皮夹克

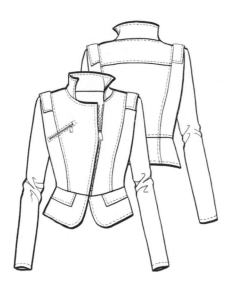

图3-3-15 小立领机车款皮夹克

图3-3-16 多层曲线领口夹克

图3-3-17 圆摆休闲夹克

图3-3-18 制服款夹克

图3-3-19 韩式小立肩夹克

图3-3-20 蕾丝边装饰对襟夹克

图3-3-21 创意拼接斜襟夹克

图3-3-22 创意曲线装饰拼接设计夹克

图3-3-23 带帽式羽绒短夹克

图3-3-24 直下款羽绒夹克

图3-3-25 皮毛边夹克

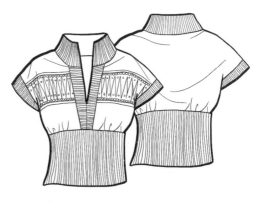

图3-3-26 针织款短袖夹克

小贴士 羽绒款夹克多为薄绒服饰，绘制中要体现出服装的厚度与蓬松度。

图3-3-27 大翻领款男士制服夹克

图3-3-28 对襟款制服夹克

图3-3-29 铆钉镶嵌款时尚夹克

图3-3-30 对襟双层立领款时尚夹克

图3-3-31 拼接款直摆夹克

图3-3-32 小立领拼接式制服夹克

小贴士 时尚款T恤衫褶纹处理较多，在绘制过程中要注意内在人体结构的表现。

T恤衫款式图

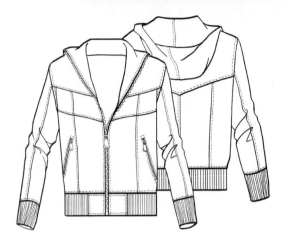

图3-3-33 连帽式皮夹克

图3-3-34 立领、款直线裁剪皮夹克

图3-3-35 铆钉镶嵌翻领夹克

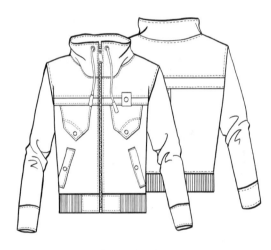

图3-3-36 立领休闲运动夹克

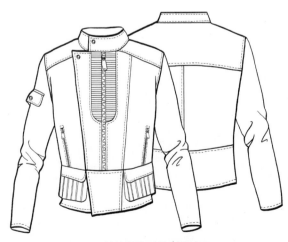

图3-3-37 双材质拼接对襟创意夹克

图3-3-38 双层结构夹克

图3-3-39 小立领男士羽绒夹克

图3-3-40 小立领收腰男士羽绒夹克

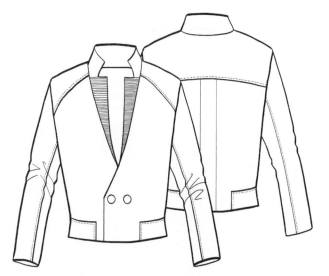

图3-3-41 男款礼服夹克

图3-3-42 男款机车夹克

图3-3-43 男款针织夹克

图3-3-44 大翻领收腰式夹克

 小贴士　针织款夹克衫的收口部位多为螺纹口，若图案线条较多，可不绘褶纹。

图3-3-45 小立领拉链袋对襟夹克

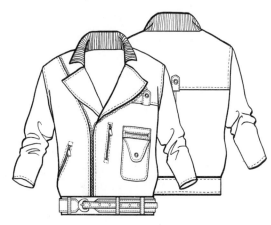

图3-3-46 双材质领口时尚夹克

图3-3-47 棒球领直裁夹克

图3-3-48 衬衫领男士时尚夹克

图3-3-49 罗纹口收边针织夹克

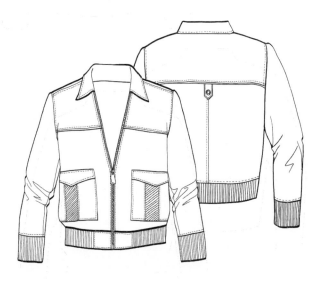

图3-3-50 小翻领大袋对襟夹克

图3-3-51 连帽、大袋装饰夹克

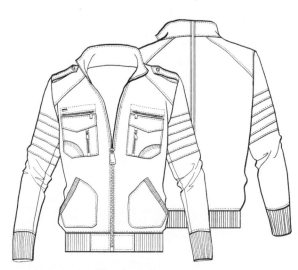

图3-3-52 小立领对襟拼接夹克

图3-3-53 小立领收腰夹克

小贴士 皮夹克的拼接部位，一般都是需要压一圈明线的，绘制中要注意明线位置的合理性。

第四章
风衣、大衣款式图
FENGYIDAYIKUANSHITU

　　风衣和大衣是人们在春秋以及冬天比较喜欢穿着和常见的衣着单品。风衣适合春秋季节穿着，属于薄款大衣，在南方冬季也常常穿着，使用场合很广，可以搭配裙装、西装等穿着。风衣造型灵活多变、健美潇洒、美观实用、款式新颖、携带方便、富有魅力，可以演绎出多种风格特色，或柔美恬静、或飘逸洒脱、或笔挺精干，可谓百搭外套，没有年龄限制。大衣一般指较为厚实的秋冬外套，有短款和中长款，保暖性很强，主要采用毛呢、羊绒等面料，经常搭配皮毛装饰领部、袖口等部位。因大衣所采用的面料较厚，需要具备一定的保暖功能，所以大衣的设计和剪裁较风衣要简洁利落得多。

第一节　短款风衣、大衣款式图

一、短款风衣、大衣款式图绘制要点

　　短款风衣、大衣款式图的绘制要点在于领口和腰部处理，领口的比例大小、开口深度和宽度等细节都需要不断地推敲和验证，以达到结构的合理和可制作性，日常学习中要多注意观察和收集相关资料。

　　短款风衣、大衣款式图绘制步骤如图4-1-1~图4-1-6所示。

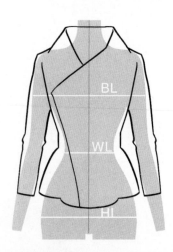

图4-1-1
绘制服装外轮廓

图4-1-2
绘制服装结构线及分割线

图4-1-3
绘制服装部件及装饰物、钮扣等

图4-1-4
绘制服装明线、省位线

图4-1-5
绘制着装褶纹

图4-1-6
绘制服装背面款式图

二、短款风衣、大衣款式图

风衣与大衣都有长款和短款的区分，短款风衣、大衣长度一般在盖过臀围，膝盖以上部位，款式和面料上以防风保暖为主，腰部多以腰带扎束，是北方地区春秋季节较为实用美观的穿着。

常用短款风衣、大衣款式图

在风衣的设计元素中，经常会融入西装、军装、时尚配饰等元素，使服装看起来更加漂亮夺目。女款风衣更是会加入花边等设计元素。束腰款式可以使人身形看起来更健美，宽松款式看起来则更休闲随意，款式和风格变化都十分多样（图4-1-7~图4-1-51）。

图4-1-7 小立领收腰短大衣

图4-1-8 小开领系带短风衣

常用短款风衣、大衣款式图

图4-1-9 双开领呢子短外套

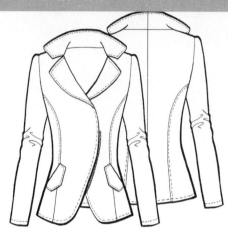

图4-1-10 小西服领呢子短外套

图4-1-11 西装领裙摆小风衣

图4-1-12 西装领直裁泡泡袖风衣

图4-1-13 O型版底部抽绳短大衣

图4-1-14 军装款四袋风衣

图4-1-15 花瓣领直裁呢子短外套

图4-1-16 金属装饰收腰风衣

图4-1-17 直裁式变化西装领呢子大衣

图4-1-18 皮料拼接设计腰带款短风衣

图4-1-19 翻袖戗驳领风衣

图4-1-20 螺纹口拼接款系带风衣

 小贴士　短大衣在外型上有时很像西装。大衣、风衣的款式变化不要局限在局部的花纹和褶纹上。

图4-1-21 荷叶袖呢子短外套

图4-1-22 插肩袖短款呢子大衣

图4-1-23 斗篷式毛呢短大衣

图4-1-24 创意拼接毛呢短大衣

图4-1-25 翻折袖创意西装领休闲风衣

图4-1-26 翻折袖带帽短风衣

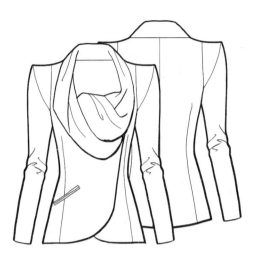

图4-1-27 创意领口呢子短外套

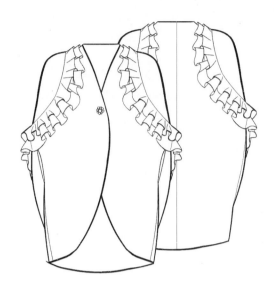

图4-1-28 花边肩部装饰毛呢大衣

图4-1-29 宽松版直裁毛呢外套

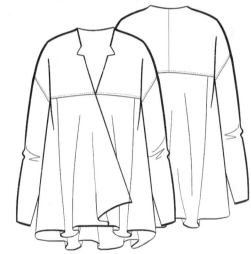

图4-1-30 对襟式休闲呢子上衣

图4-1-31 造型设计毛呢外套

图4-1-32 不规则底边毛呢大衣

小贴士　短款大衣绘制时，要注意腰部与胸部的关系。

图4-1-33 大领口毛呢短大衣　　　　　图4-1-34 花形领口直裁短款呢子外套

图4-1-35 插肩袖直裁呢子外套　　　　　图4-1-36 小翻领直裁呢子上衣

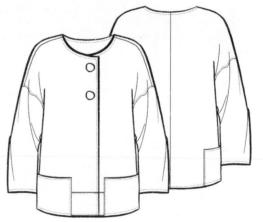

图4-1-37 中式立领呢子上衣　　　　　图4-1-38 圆领拼接呢子上衣

 小贴士　**明线在大衣及风衣的设计中使用较多。**

图4-1-39 圆边西装领短呢子外套　　　图4-1-40 西装领收腰修身呢子上衣　　　图4-1-41 滚珠装饰线羊绒上衣

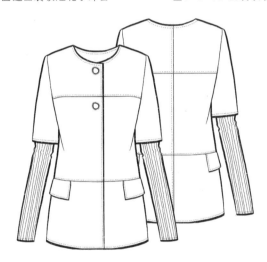

图4-1-42 双层袖口拼接直裁毛呢外套　　　图4-1-43 单片翻领呢子外套

图4-1-44 不规则门襟呢子大衣　　　图4-1-45 斜门襟拉链呢子大衣

图4-1-46 小立领款收腰呢子外套

图4-1-47 拼接设计呢子短上衣

图4-1-48 不规则门襟圆领外套

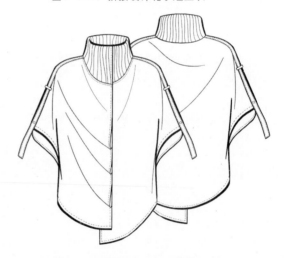

图4-1-49 不规则底摆拼接斗篷式大衣

图4-1-50 系带式套头风衣

图4-1-51 斜裁拼接毛呢大衣

第二节 中长款风衣、大衣款式图

一、中长款风衣、大衣款式图绘制要点

中长款、长款风衣、大衣款式图中，腰部和衣摆部位的绘制较为重点，并且有很多变化。腰部到衣摆的曲线变化调节着服装的整体风格和调性，绘制中必须要准确把握这些变化的区别，有准确的款式图，才会有准确的裁剪图。

中长款风衣、大衣款式图绘制步骤如图4-2-1~图4-2-6所示。

图4-2-1
绘制服装外轮廓

图4-2-2
绘制服装结构线及分割线

图4-2-3
绘制服装部件及装饰物、钮扣等

图4-2-4
绘制服装明线、省位线

图4-2-5
绘制着装褶纹

图4-2-6
绘制服装背面款式图

二、中长款风衣、大衣款式图

中长款大衣使用不受场合限制，生活中与舞台上都有很多应用。这里列举出多款常见款式与非对称等创意款式，希望可以给读者在设计上给予一定的启发。常见中长款风衣一般指膝盖及以下部位的长度，"翩翩风度"便是多指此款服装对人们造型装扮上的描述。男女款式修身效果均十分明显，腰部多有腰带扎束。中长款风衣不可理解为简单地把短款风衣加长而已，风衣长摆与上衣的完美配合才能相得益彰（图4-2-7~图4-2-45）。

图4-2-7 宽袖大摆风衣

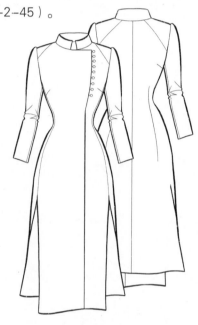

图4-2-8 小立领开衩毛呢大衣

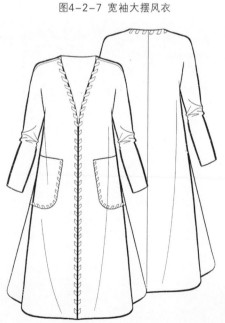

图4-2-9 勾边羊绒大衣

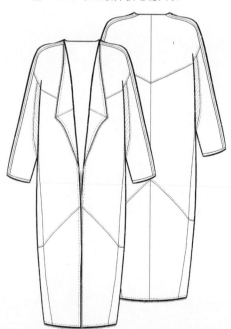

图4-2-10 门襟钉珠拼接毛呢大衣

常用中长款风衣、大衣款式图

图4-2-11　大披肩毛呢大衣

图4-2-12　中式立领毛呢大衣

图4-2-13　荷叶袖羊绒大衣

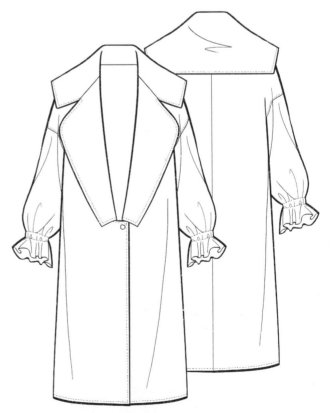

图4-2-14　大翻领羊绒大衣

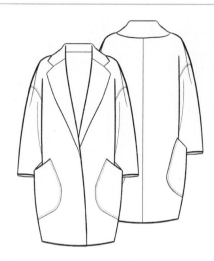

图4-2-15 O型西服领长款大衣　　　　图4-2-16 大翻领毛呢长大衣

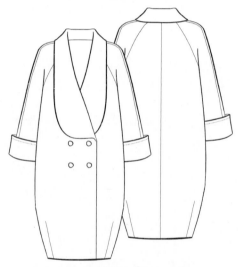

图4-2-17 单侧披肩长款风衣　　　　图4-2-18 O型款大翻领毛呢大衣

图4-2-19 蝴蝶结袖口毛呢大衣　　　　图4-2-20 小翻领大摆毛呢大衣

图4-2-21 连裁式长款风衣

图4-2-22 直领A型大摆毛呢大衣

图4-23 双排扣、大领、叠襟大衣

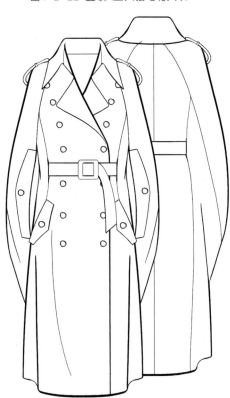

图4-2-24 无袖斗篷长大衣

小贴士 中长款大衣的衣摆处理，可以体现出服装的裁剪结构。

图4-2-25 对襟、大裙摆呢子大衣

图4-2-26 小西装领收腰中长款大衣

图4-2-27 双排扣、小翻领系带大衣

图4-2-28 圆领中腰拼接毛呢大衣

图4-2-29 高立领、大裙摆风衣

图4-2-30 荷叶边阔口袖大衣

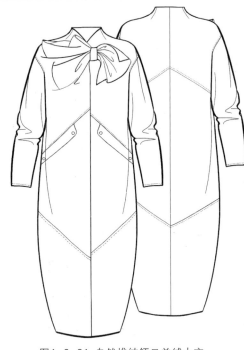

图4-2-31 自然堆结领口羊绒大衣

图4-2-32 双排扣大领装饰袖口大衣

图4-2-33 泡泡袖长摆毛呢大衣

图4-2-34 直线散摆长款羊绒大衣

小贴士　中长款大衣及风衣前襟部分的不同处理方式，可以体现出不同的风格，绘制时不可忽略。

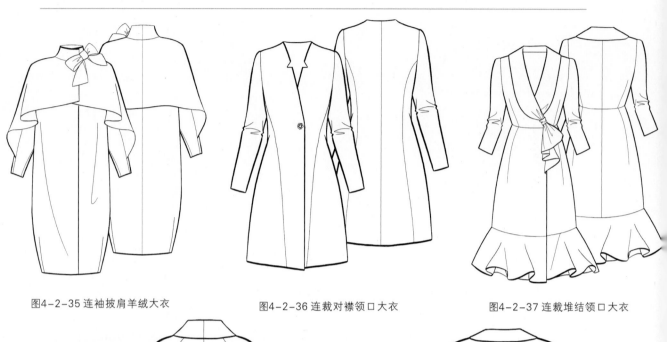

图4-2-35 连袖披肩羊绒大衣　　　图4-2-36 连裁对襟领口大衣　　　图4-2-37 连裁堆结领口大衣

图4-2-38 堆叠领口毛呢大衣

图4-2-39 西服领大裙摆大衣

 小贴士　用褶纹关系来交代服装结构，也是此类服装的常用表现方式。
服装的整体感很重要，绘制时要重视对服装关系的梳理。

图4-2-40 斜襟翻折袖风衣　　　　　图4-2-41 无袖大荷叶边装饰大衣

图4-2-42 肩部荷叶装饰O型大衣　　　图4-2-43 小立领双层结构风衣

图4-2-44 堆叠领口大裙摆大衣　　　　图4-2-45 双排扣抽褶肩造型大衣

第三节 时尚创意风衣、大衣款式图

一、时尚创意风衣、大衣款式图绘制要点

在很多娱乐典礼、庆典活动中可以看到，风衣和大衣受到很多明星的热爱。红地毯上，这些风衣、大衣有时也闪耀着礼服般的光彩。绘制这些具有很强创意感和时尚感的中长外套时，造型的准确、结构清晰是最基本的要求。

时尚创意风衣、大衣款式图绘制步骤如图4-3-1~图4-3-6所示。

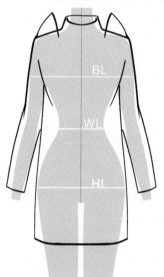

图4-3-1
绘制服装外轮廓

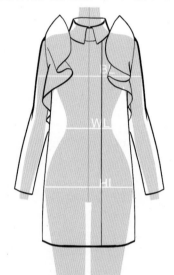

图4-3-2
绘制服装结构线及分割线

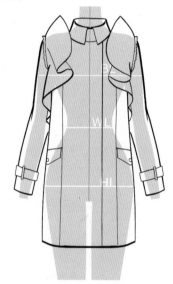

图4-3-3
绘制服装部件及装饰物、纽扣等

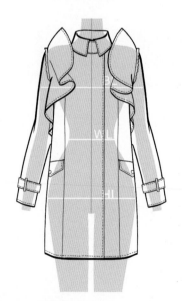

图4-3-4
绘制服装明线、省位线

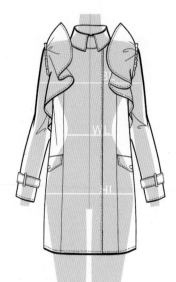

图4-3-5
绘制着装褶纹

图4-3-6
绘制服装背面款式图

二、时尚创意风衣、大衣款式图

　　时尚创意款式的风衣、大衣可融入诸多的设计元素，设计范围及面域之广不为多见，服装款式和造型也十分多变，时而温婉柔软，时而夸张大胆。风衣、大衣在面料上的大胆使用也是极丰富的。非对称风衣、大衣的款式绘制中，大家已经初见此类服装对于创意元素的运用了。本节专门来讲创意与时尚款式，可见此类服装在应用上的丰富变化。在生活中与时尚圈中，此类服装应用也是极多的。这里择选出多款别具创意的样式，以达到启发设计思维的目的（图4-3-7~图4-3-39）。

图4-3-7 多条拼接造型大衣　　　　　　　　　　图4-3-8 不规则大披肩款大衣

图4-3-9 创意造型款短外套　　　　　　　　　　图4-3-10 多层结构设计款短外套

图4-3-11 大领口创意造型大衣

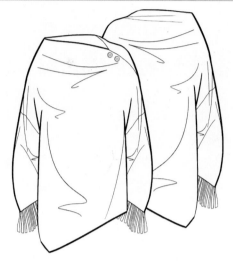

图4-3-12 创意一字领毛呢外套

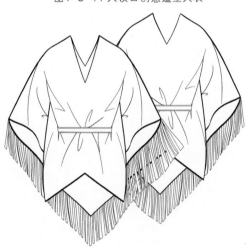

图4-3-13 流苏斗篷羊绒外套

图4-3-14 制服风衣

图4-3-15 肩部堆褶风衣

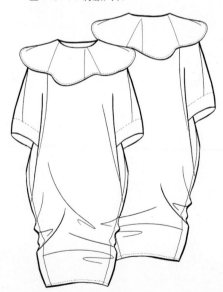

图4-3-16 荷叶领造型大衣

图4-3-17 皮料拼接、大裙摆大衣

图4-3-18 创意肩领造型大衣

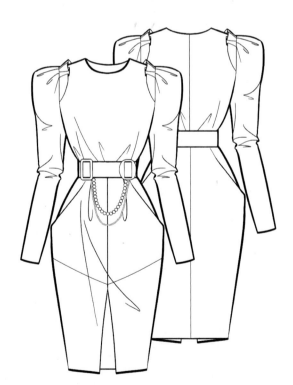

图4-3-19 宽肩毛呢大衣

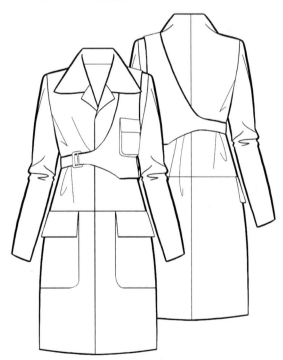

图4-3-20 皮料拼接大衣

小贴士 某些结构转折部位，需要用较多线条处理表现的，要尽可能使用最少的线条。

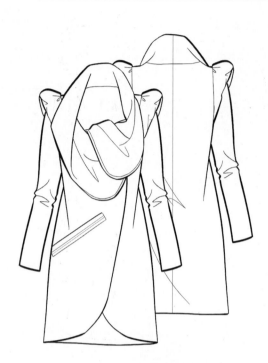

图4-3-21 堆堆领口斜襟大衣

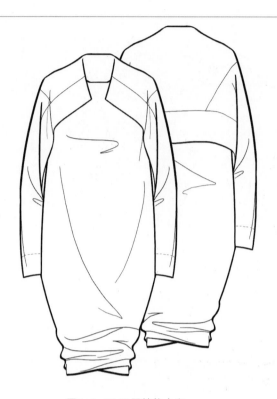

图4-3-22 双层结构大衣

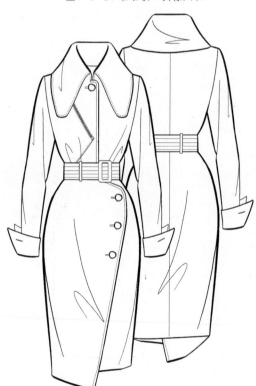

图4-3-23 大翻领大衣

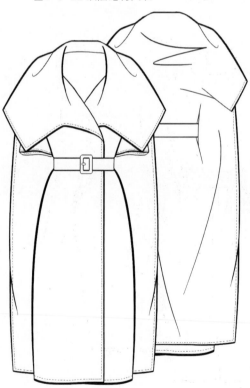

图4-3-24 大披肩羊绒大衣

 小贴士 要找到服装的设计点或重点，并严谨绘制，可以做到画面张弛有度。

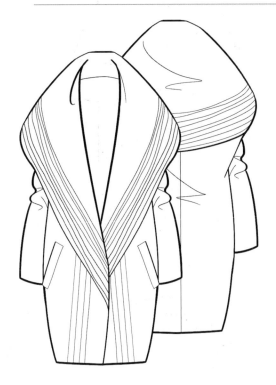

图4-3-25 绗缝装饰大翻领大衣

图4-3-26 多材质拼接大衣

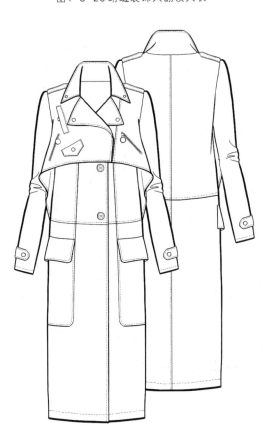

图4-3-27 双层结构军装风格大衣

图4-3-28 大开领长大衣

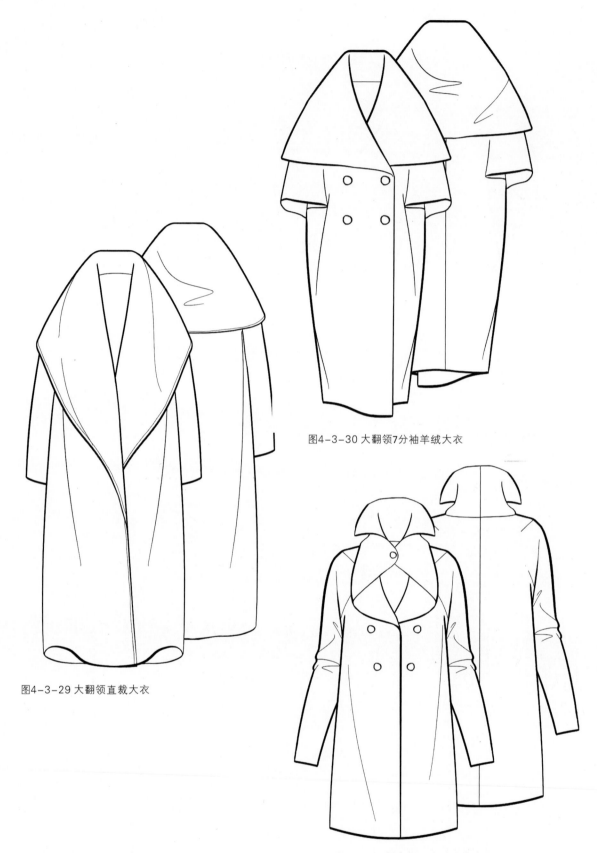

图4-3-30 大翻领7分袖羊绒大衣

图4-3-29 大翻领直裁大衣

图4-3-31 创意领口设计直裁大衣

小贴士　创意款大衣风衣多用于时尚圈的庆典活动或酒会中，绘制的款式、配饰和造型都可以夸张些。

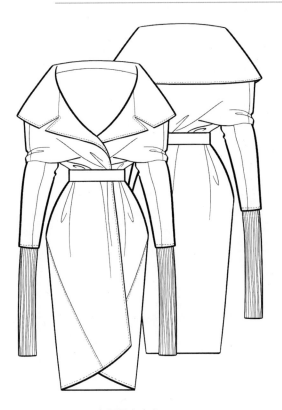

图4-3-32 大领露肩大衣

图4-3-34 非对称门襟羊绒大衣

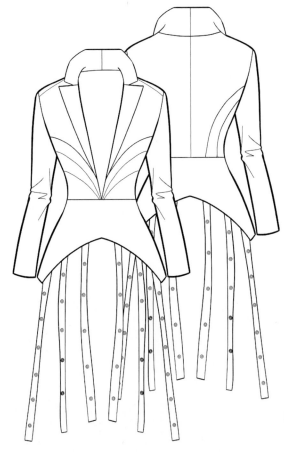

图4-3-33 皮条装饰毛呢外套

图4-3-35 大泡泡袖风衣

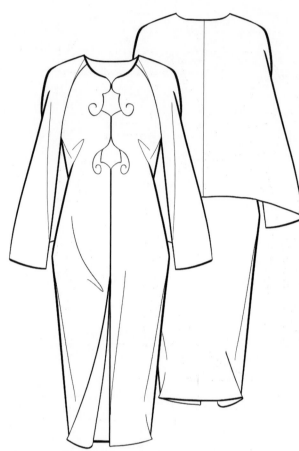

图4-3-36 中式对襟披肩大衣

图4-3-37 创意门襟皮草拼接大衣

小贴士 着装褶纹在此类服装中的使用可能会较多，绘制中要抓重点。

图4-3-38 皮质拼接大衣

图4-3-39 创意领口、大裙摆大衣

第五章
裤装款式图
KUZHUANGKUANSHITU

　　裤子是现代人主要的下装服饰，由裤腰、裤裆和裤腿组成。我国裤子的起源可以追溯到战国时期的少数民族胡人，在赵武灵王的"胡服骑射"时期，中原人开始穿起了裤子。

　　裤子剪裁，在男女款式上存在着较大的差异性。男裤的腰节较低，女裤的腰节要高于男裤很多，也就是说女裤的立裆要大于男裤，但是男裤的凹势要大于女裤，这是由男女体型上的差异和生理特征决定的。男裤的门襟总设在前中心位置，而女裤可随意设置门襟位置，如侧门襟或偏门襟等。

　　现代生活中，人们已经离不开裤子了，从基础的保暖需求到美观服饰，人们对于裤子的需求是远远大于其他的服饰，裤装的流行也随着时代的变迁和人们审美的变化而不断变化着。如20世纪六七十年代的中国流行军裤、直筒裤，七八十年代流行喇叭裤、阔腿裤，八九十年代流行锥形裤，至今流行瘦腿裤、9分裤。总之，裤子的每一点形状或长短的变化，都可以成为新的流行趋势。

第一节　裤子的类别与绘制要点

一、裤子的分类

　　裤子的分类可以从长度、廓型、裤脚变化和裤子自身结构变化方面进行基本的划分和区别。裤子按长度分，可分为短裤、中裤、7分裤、8分裤和长裤。腰部收腰部分的范围一般在臀部上方位置到裤腰；短裤的长度范围一般在大腿中部以上位置（图5-1-1）；超过大腿的中部至膝盖位置附近，可以定义为中裤（图5-1-2）；膝盖以下至小腿偏上位置为7分裤（图5-1-3）；到小腿中部的裤长一般为8分裤（图5-1-4）；超过小腿中部至脚踝以上部位的裤长为9分裤（图5-1-5）；超过脚踝部位的裤子则为长裤（图5-1-6）。

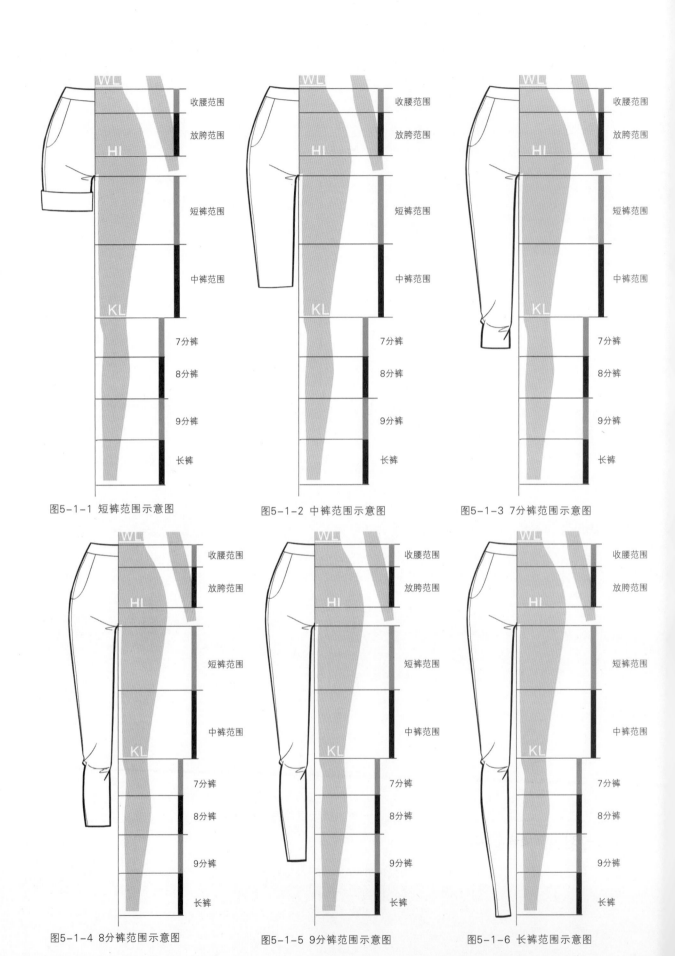

图5-1-1 短裤范围示意图　　　　图5-1-2 中裤范围示意图　　　　图5-1-3 7分裤范围示意图

图5-1-4 8分裤范围示意图　　　　图5-1-5 9分裤范围示意图　　　　图5-1-6 长裤范围示意图

裤子按裤脚宽度的变化，基本可以分为小脚裤、直脚裤、微喇裤、喇叭裤等。裤脚紧收于裤脚口，与腿部贴合的裤型为小脚裤（图5-1-7）；裤脚宽度与上部的裤腿宽度基本保持一致的裤型为直脚裤（图5-1-8）；裤脚宽度略大于上部裤腿宽度的裤型为微喇裤（图5-1-9）；裤脚宽度明显大于或超过上部裤腿宽度很多的裤型则为喇叭裤（图5-1-10）。

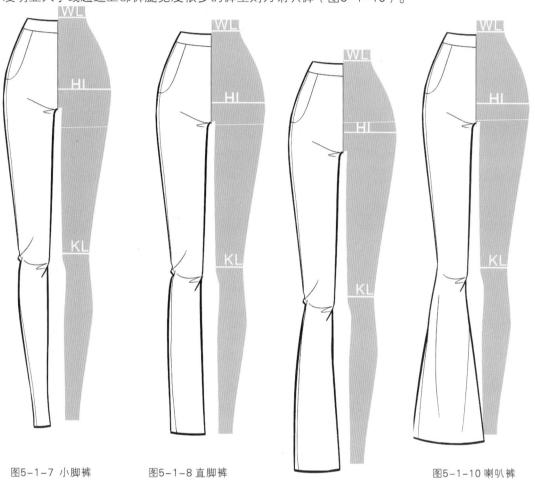

图5-1-7 小脚裤　　　　　图5-1-8 直脚裤　　　　　　　　　　　图5-1-10 喇叭裤

裤子按廓型可以分为修身裤、直筒裤、锥形裤、阔腿裤和大裆裤等。修身裤是指裤子的外轮廓十分贴合人体腿部曲线的裤型，一般多为打底裤、体型裤、贴身内衣裤或有弹力的贴身牛仔裤等（图9-1-11）；直筒裤的主要特质就是裤脚宽度与上部裤腿宽度基本保持一致，裤脚相对于脚踝部位具有一定的宽松度，常用于运动裤、西裤等，制作面料不太受限制，但基本采用无弹力面料，如厚款的牛仔面料、呢子面料以及羊绒面料，薄款的纯棉或针织类面料等（图9-1-12）；锥形裤的外轮廓特征为胯部较大，裤脚较小，整体裤型呈现锥形，锥形裤的制作面料一般要有一定的挺括度，如毛呢、牛仔等，这样制作出来的裤型更漂亮，在军装中经常会出现此裤型（图9-1-13）；阔腿裤，即为裤脚宽度较大的裤型，整体的裤腿宽松度也比较大，一般由较为柔顺的面料制作，如丝绸等，使人穿着起来在行走中有飘逸的美好视觉感受，是时尚女性较为喜欢的裤型之一，很多阔腿裤穿着起来好似穿着裙装一样（图9-1-14）；大裆裤，是指裤子在剪裁上，裆部造型和尺寸较大，现代也称"韩版大PP裤"，在潮牌的裤装中使用较多，儿童服饰中也较为常见，是嘻哈服饰的代表，深受追逐时尚的年轻人喜爱和追捧（图9-1-15）。

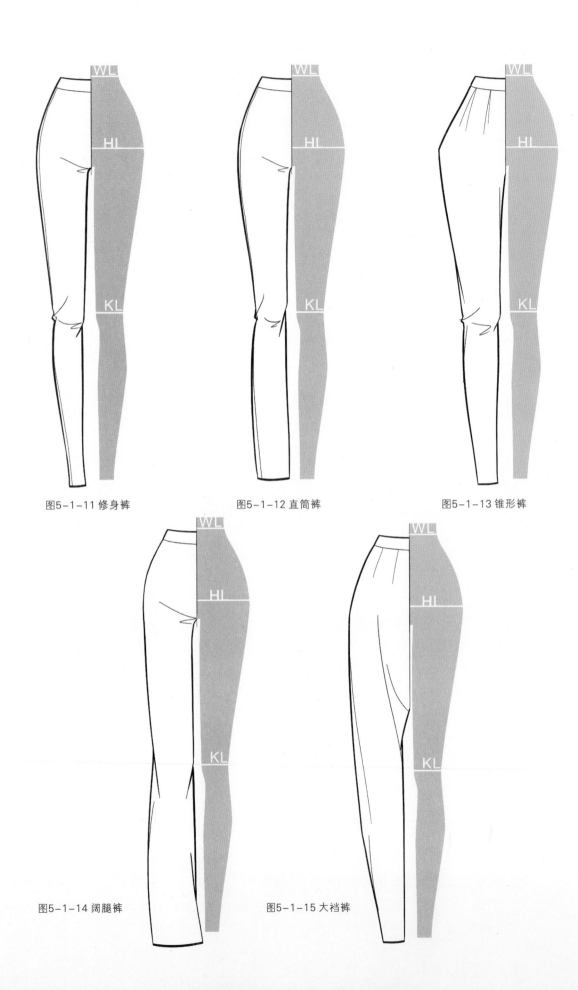

图5-1-11 修身裤   图5-1-12 直筒裤   图5-1-13 锥形裤

图5-1-14 阔腿裤   图5-1-15 大裆裤

　　裤子从组成部件和结构方面考虑，还有背带裤和连身裤两种裤子。背带裤是指腰部以上部位由背带连接人体上身，胸前也经常会有梯形结构的前兜布装饰（图5-1-16）；连身裤则意为上身与裤装连为一体的款式，常见在工装连体裤中，上衣款式可以为衬衫款，也可以为时尚性感款式，重要的特点是与裤装连接成为一体（图5-1-17）。

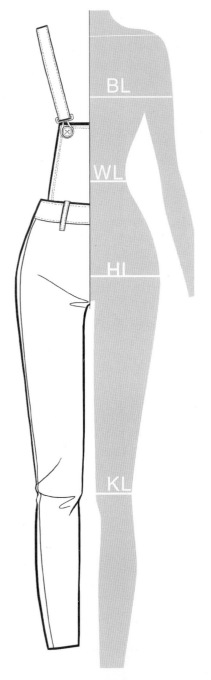 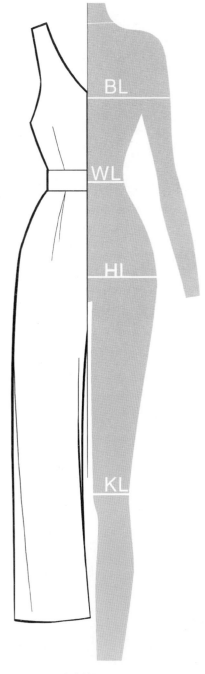

　　图5-1-16 背带裤　　　　　　　　　　　　图5-1-17 连身裤

二、裤子款式图的绘制要点

裤子款式图在绘制中，主要绘制部位为裤腰、裤袋、门襟和裤脚等。裤子的腰型、腰部装饰等是裤子设计中的重要内容，因其位于视觉中心位置，所以裤腰的处理经常可以体现出裤子的品质、档次和特色；裤兜在裤装中的运用也非常重要，简单隐藏式的兜袋在西装中出现较多，可以使裤子整体看起来精致、简洁，较为夸张和较多装饰的兜袋多出现在牛仔裤或休闲裤装中；门襟的设计处理中，女性的裤装更为灵活多样，男款多在前中心位置上；裤脚的变化和创意在裤装中是个性的体现和彰显，常用的设计有上卷或上翻款式或不对称式等。

裤子的褶纹主要出现在腰部、裆部、膝盖与裤脚口位置。不同的线条和着装褶纹的绘制处理，可以体现出裤装的宽松度以及使用面料的软硬度等。

（一）裤子腰部的样式及表现（图5-1-18~图5-1-31）

图5-1-18 分割腰牛仔裤款式实例

图5-1-19 分割腰牛仔裤款式表现

图5-1-20 常规腰牛仔裤款式实例

图5-1-21 常规腰牛仔裤款式表现

图5-1-22 直裁腰裤装款式实例

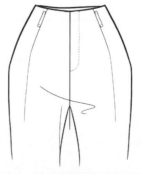

图5-1-23 直裁腰裤装款式表现

> **小贴士** 裤子腰部的造型主要在于收腰方式的区别，裆部的褶纹绘制需要注意线条表现，紧张的线条表现裤子的紧绷感，舒缓的线条可以体现出裤子的宽松度和舒适度。

图5-1-24 常规拼接分腰省款式实例

图5-1-26 拼接松紧系带腰款式实例

图5-1-28 拼接腰胯部收省款式实例

图5-1-25 常规拼接分腰省款式表现

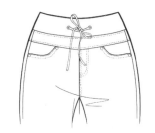

图5-1-27 拼接松紧系带腰款式表现

图5-1-29 拼接腰胯部收省款式表现

图5-1-30 多省位装饰腰部设计款式实例

图5-1-31 多省位装饰腰部设计款式表现

（二）裤子门襟的样式及表现（图5-1-32~图5-1-57）

图5-1-32 常用单粒
扣门襟实例

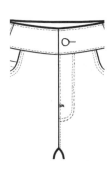

图5-1-33 常用单粒
扣门襟表现

图5-1-34 斜式多粒扣
门襟实例

图5-1-35 斜式多粒扣
门襟表现

图5-1-36 叠门襟实例

图5-1-37 叠门襟表现

图5-1-38 长门襟实例

图5-1-39 长门襟表现

图5-1-40 三粒扣
门襟实例

图5-1-41 三粒扣门襟表现

图5-1-42 松紧腰闭合
门襟实例

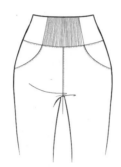

图5-1-43 松紧腰闭
合门襟表现

图5-1-44 腰部系扣反
式门襟实例

图5-1-45 腰部系扣反
式门襟表现

图5-1-46 斜式叠腰设计
门襟实例

图5-1-47 斜式叠腰设计
门襟表现

图5-1-48 休闲系带对合
门襟实例

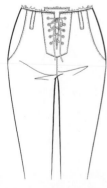

图5-1-49 休闲系带对合
门襟表现

图5-1-50 斜式叠合
门襟实例

图5-1-51 斜式叠合
门襟表现

图5-1-52 斜式叠合系扣门襟实例

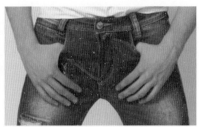

图5-1-54 分割剪裁式门襟实例

图5-1-56 异形门襟实例

图5-1-53 斜式叠合系扣门襟表现

图5-1-55 分割剪裁式门襟表现

图5-1-57 异形门襟表现

（三）裤子兜袋的样式及表现（图5-1-58~图5-1-77）

图5-1-58 西裤斜插袋
门襟实例

图5-1-60 贴袋式前
门襟实例

图5-1-62 牛仔裤常用插兜实例

图5-1-59 西裤斜插袋
门襟表现

图5-1-61 贴袋式前
门襟表现

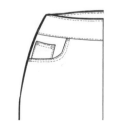

图5-1-63 牛仔裤常用插兜表现

图5-1-64 挖袋实例

图5-1-65 挖袋表现

图5-1-66 贴袋实例

图5-1-67 贴袋表现

图5-1-68 带兜盖挖袋实例

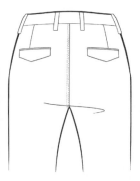
图5-1-69 带兜盖挖袋表现

图5-1-70 大后贴袋实例

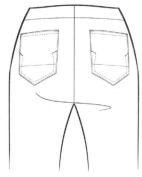
图5-1-71 大后贴袋表现

图5-1-72 带盖贴袋实例

图5-1-74 创意贴袋实例

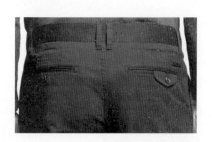
图5-1-76 带牙挖袋实例

图5-1-73 带盖贴袋表现

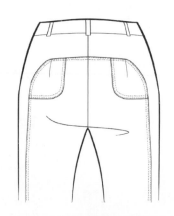
图5-1-75 创意贴袋表现

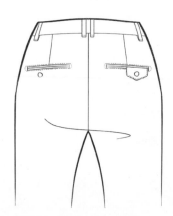
图5-1-77 带牙挖袋表现

（四）裤脚的样式及表现（图5-1-78~图5-1-93）

图5-1-78 螺纹口
裤脚实例　　　　图5-1-79 螺纹口
裤脚表现　　　　图5-1-80 绑腿裤脚实例　　图5-1-81 绑腿裤脚表现

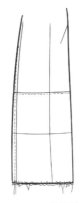

图5-1-82 拼接裤脚实例　　图5-1-83 拼接裤脚表现　　图5-1-84 不对称裤脚实例　　图5-1-85 不对称裤脚表现

图5-1-86 阔口翻卷
裤脚实例　　　　图5-1-87 阔口翻卷
裤脚表现　　　　图5-1-88 收口裤脚翻卷实例　　图5-1-89 收口裤脚翻卷表现

图5-1-90 直筒西裤
翻折裤脚实例　　图5-1-91 直筒西裤
翻折裤脚表现　　图5-1-92 瘦腿牛仔裤
翻折裤脚实例　　图5-1-93 瘦腿牛仔裤
翻折裤脚表现

（五）裤子的分割样式与表现（图5-1-94~图5-1-97）

图5-1-94 裤子的分割样式实例（一）

图5-1-95 裤子的分割样式表现（一）

图5-1-96 裤子的分割样式实例（二）

图5-1-97裤子的分割样式表现（二）

（六）裤子的褶纹表现（图5-1-98~图5-1-100）

图5-1-98 裤子前裆位置褶纹表现

图5-1-99 裤子膝盖位置褶纹表现

图5-1-100 裤子脚口位置褶纹表现

7. 裤子的剪裁

　　裤子在制作中，一般是由对称的四片结构缝合而成（图5-1-101），左右两侧的裤型是沿人体中线镜像对称的，侧缝线是前后片裤子的分割线。侧缝线的位置取值一般为腰围的1/4处。有时也会略微向前部调整一些，可以使人物着装正面看起来更显瘦。

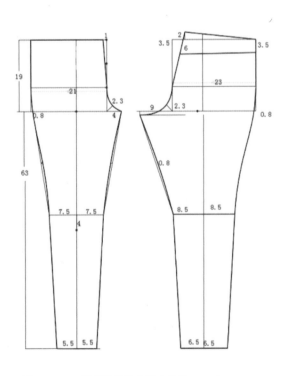

图5-1-101 常规裤子裁剪图（单位：cm）

第二节 裤装款式图

一、裤装款式图的绘制步骤

裤装款式图的绘制是基于人体腿部基础形而来的，绘制中，可以借助人体基础模板及多种辅助线，例如腰线、臀围线、膝盖位置辅助线、脚口线等。这些辅助线条位置的确定，可以帮助裤子款式图绘制不偏离实际。

裤装款式图的绘制步骤如下：

1. 确定腿部的基本结构和位置，在人体模板基础上，绘制需要借助的辅助线，如中心线、腰围线、臀围线、耻骨线、膝盖线、脚口线（图5-2-1）。

2. 用直线概括出所要绘制裤装的大形及裤腿、脚口位置的宽松度（图5-2-2）。

3. 绘制裤装外轮廓线（图5-2-3）。

4. 绘制裤装结构线及褶纹关系（图5-2-4）。

5. 绘制裤装明线及其他装饰（图5-2-5）。

6. 绘制裤装背面款式图（图5-2-6）。

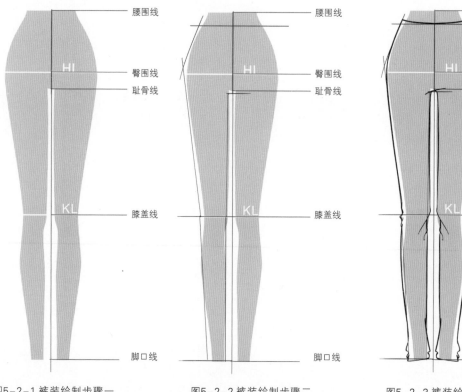

图5-2-1 裤装绘制步骤一　　　图5-2-2 裤装绘制步骤二　　　图5-2-3 裤装绘制步骤三

图5-2-4 裤装绘制步骤四

图5-2-5 裤装绘制步骤五

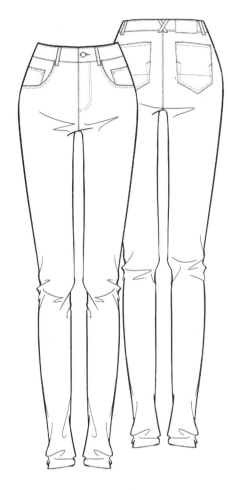

图5-2-6 裤装绘制步骤六

二、常用裤装款式图

常用裤装大多采用四片式剪裁，在裤装不同长度和廓型的基础上，对于兜袋、脚口、腰部设计与装饰、剪裁分割线等内容上进行修改和创新，使裤装尽可能看起来漂亮、与众不同。

（一）裤装的剪裁与分割样式

（图5-2-7~图5-2-14）

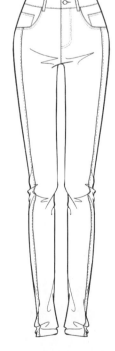

图5-2-7 裤装剪裁与分割一　　图5-2-8 裤装剪裁与分割二

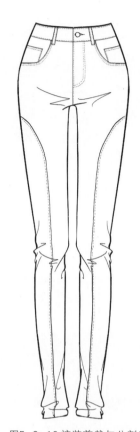

图5-2-9 裤装剪裁与分割三　　　　　图5-2-10 裤装剪裁与分割四　　　　　图5-2-11 裤装剪裁与分割五

图5-2-12 裤装剪裁与分割六　　　　　图5-2-13 裤装剪裁与分割七　　　　　图5-2-14 裤装剪裁与分割八

（二）常用短裤款式图（图5-2-15~图5-2-22）

图5-2-15　压褶收腰短裤

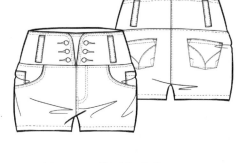

图5-2-16　休闲矮腰热裤

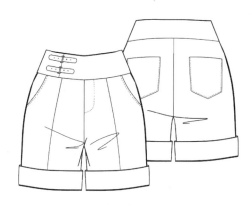

图5-2-17　大翻边脚口短裤

图5-2-18　双材质拼接短裤

图5-2-19　松紧腰压褶休闲短裤

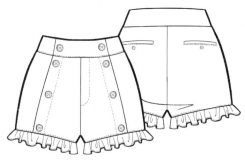

图5-2-20　木耳边脚口短裤

图5-2-21　压褶侧边短裤

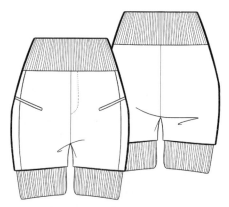

图5-2-22　螺纹口拼接短裤

（三）常用中长裤款式图
（图5-2-23~图5-2-34）

图5-2-24 鱼尾口中长裤

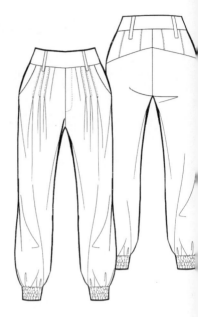

图5-2-25 松紧脚口中长裤

图5-2-23 收口中长裤

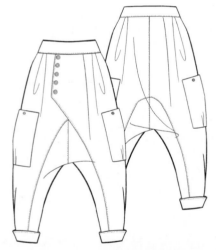

图5-2-27 大裆剪裁中长裤

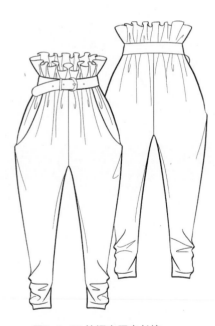

图5-2-26 抽褶高腰中长裤

图5-2-28 中长裤裙

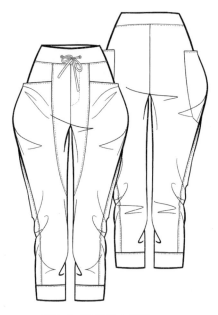

图5-2-29 锥形中长裤

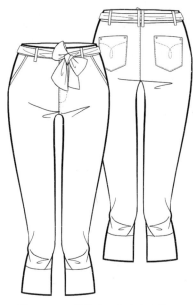

图5-2-30 拼接脚口修身中长裤

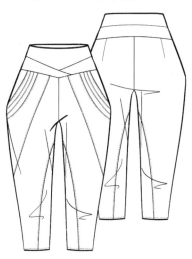

图5-2-31 分割剪裁中长裤

图5-2-32 毛呢裤裙

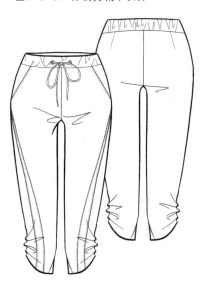

图5-2-33 侧边抽边中长裤

图5-2-34 阔腿中长裤

（四）常用长裤款式图（图5-2-35~图5-2-43）

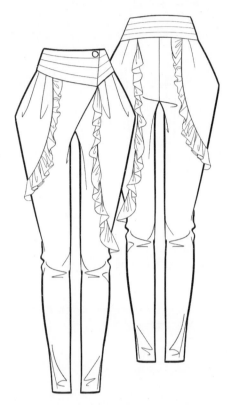

图5-2-35 木耳边装饰长裤

图5-2-36 拼接高腰长裤

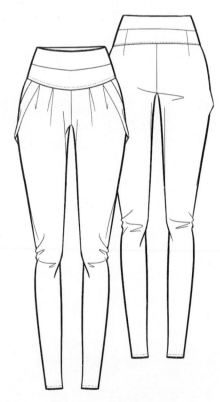

图5-2-37 压褶收腰长裤

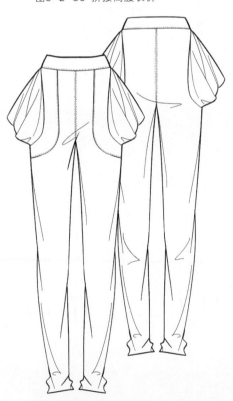

图5-2-38 大兜宽松长裤

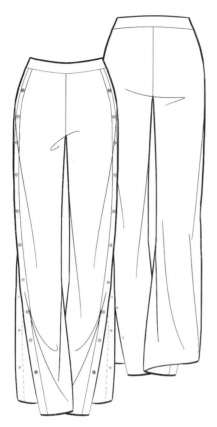

图5-2-39 侧开宽松长裤

图5-2-40 叠腰阔腿长裤

图5-2-41 搭兜修身长裤

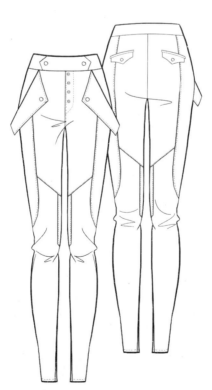

图5-2-42 立体剪裁拼接长裤

图5-2-43 宽松休闲裤

（五）常用连体裤款式图（图5-2-44~图5-2-48）

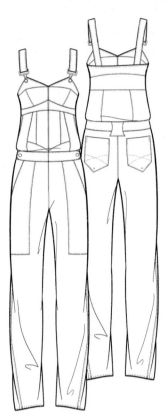

图5-2-44 牛仔连身裤

图5-2-45 时尚高领连身裤

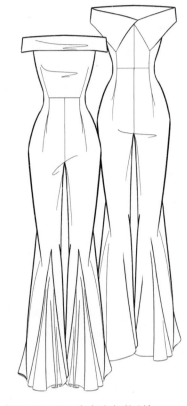

图5-2-46 一字肩连身喇叭裤

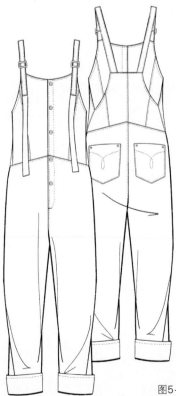

图5-2-47 宽松版休闲
连身裤

图5-2-48 连身背心长裤

二、创意裤装款式图

创意裤装是在常用裤装基础上，在基础设计点上通过较大的变化和改动手法而得出的较为具有创意感的设计，在功能和造型上都与常用裤装款式有很大的区别（图5-2-49~图5-2-59）。

图5-2-49 创意短裤

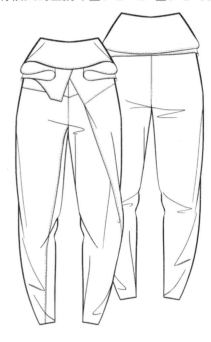

图5-2-50 创意叠腰中长裤

图5-2-51 创意腰型长裤

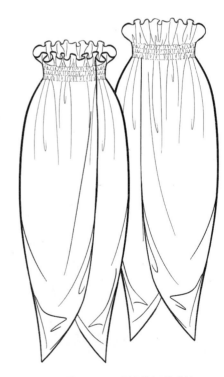

图5-2-52 创意抽褶花苞裤

图5-2-53 创意双层结构长裤

图5-2-54 创意堆叠造型长裤

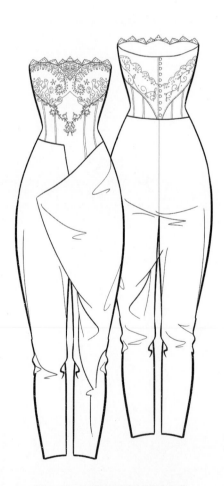

图5-2-55 蕾丝拼接创意连身裤

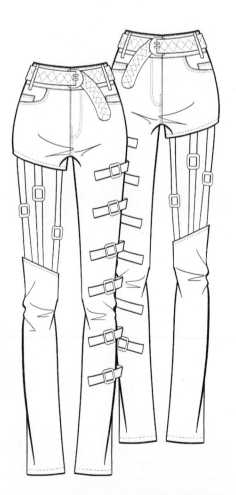

图5-2-56 创意多材质拼接长裤

图5-2-57 创意大摆裤

图5-2-59 非对称结构创意连身裤

图5-2-58 多层堆叠创意连身裤

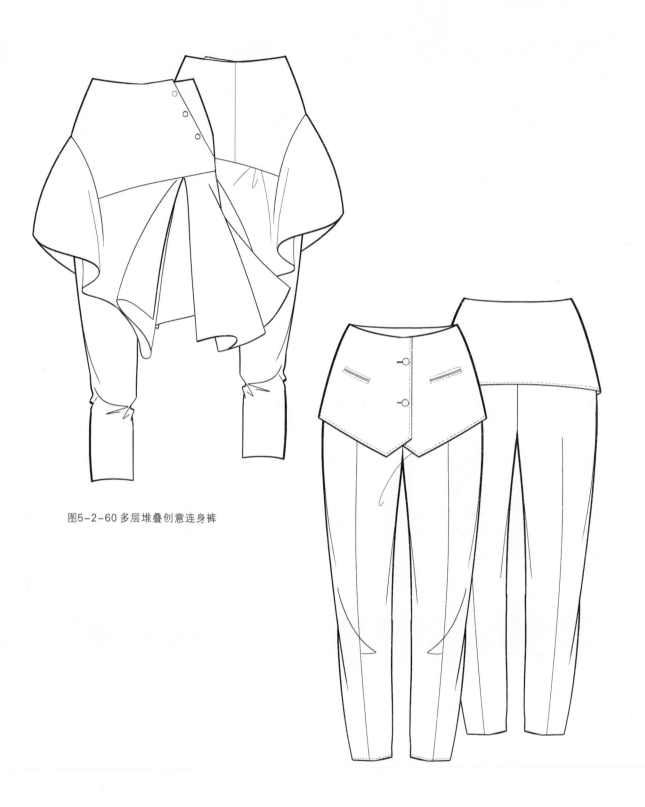

图5-2-60 多层堆叠创意连身裤

图5-2-61 多层堆叠创意连身裤

第六章
运动服装款式图
YUNDONGFUZHUANGKUANSHITU

　　运动装、家居服、户外服装是人们生活中使用最多的功能型服装，特别是运动装和户外服装近年来深受人们喜爱，成为主要流行服饰。很多商家也看准这一部分服装市场的发展潜力，越来越多著名的运动品牌、户外品牌被人们所认识并争相购买，流行数年，热度不减。

　　现代生活中，运动装已经逐步成为主流服饰，在时尚秀场上也屡见不鲜。运动装的随意、自如和给人们带来的贴身自然的感觉，是其他品类服装无法比拟的。运动服的穿着一般不受年龄和职业的限制，是人们较为喜爱的着装品类。随着人们对运动方式的需求，运动服也逐渐走向专业化，不同类别的运动会使用不同的服装。

第一节　运动服装款式图

一、运动服装款式图绘制要点

　　运动服装是指专用于体育运动竞赛或从事户外体育活动穿用的服装。随着时代的发展，运动类服装已经从专业运动员穿着发展到大众穿着，喜爱各项运动的人们也会购置专业的装备。这里介绍的主要是较为职业的运动装和休闲类运动装。当然，即便不是很专业的运动服装，其功能分类仍然很多，如网球服、高尔夫球服、篮球服、慢跑服、瑜珈服、骑行服以及休闲类运动服等，根据不同运动的需要，服装的功能性设计都会有不同。运动服装大多无配饰及装饰品，结构简洁明快。绘制前要多了解各项运动对服装的需要，才能更准确地掌握绘制要点。

　　运动服装款式图绘制步骤如图6-1-1~图6-1-6所示。

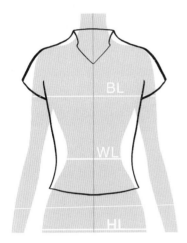

图6-1-1
绘制服装外轮廓

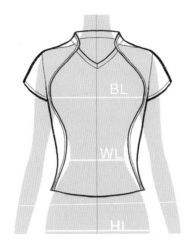

图6-1-2
绘制服装结构线及分割线

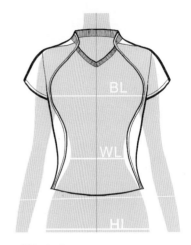

图6-1-3
绘制服装部件及装饰物、钮扣等

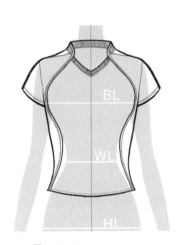

图6-1-4
绘制服装明线、省位线

图6-1-5
绘制着装褶纹

图6-1-6
绘制服装背面款式图

二、运动服装款式图

（一）常用运动装款式图

体育运动日渐成为人们生活中较为重要的一部分，网球服、羽毛球服等的使用也随之增多。多数网球服以短装为主，男士为T恤短裤，女士为短T恤和裤裙，面料及宽松度以适宜运动为主。男女T恤均为合体式穿着，女士下装可选用短裤或短裤裙；上衣多为分割式剪裁设计，无装饰品，结构简单。裁剪拼接线条及色彩、面料的组合使用是该类服装的设计点。

1. 女款羽毛球服、网球服套装款式图

羽毛球服与网球服在形式上较为接近，可分为分体式和连体式两种，下装可为裙装也可为裤装，但是裙装一般也多是裙裤。服装款式变化不多，但是服装的色彩分割是运动类服装的一大设计点（图6-1-7～图6-1-21）。

女款羽毛球、网球服套装款式图

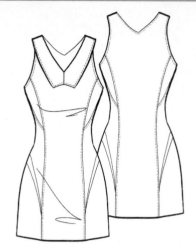

图6-1-7 大翻领女款羽毛球、网球连衣裙

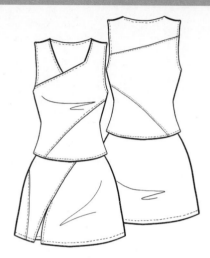

图6-1-8 斜线拼接女款羽毛球、网球服

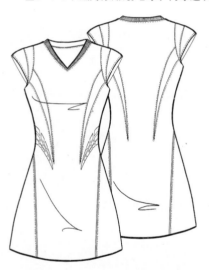

图6-1-9 拼色女款羽毛球、网球连衣裙

图6-1-10 高领女款羽毛球、网球裙服套装

图6-1-11 小翻领流线设计女款羽毛
球、网球裙服套装

图6-1-12 拼接领女款羽毛球、网球裙服套装

图6-1-13 小翻领女款羽毛球、网球裙服套装　　图6-1-14 小立领拼接女款羽毛球、网球裙服套装

图6-1-15 小翻领女款羽毛球、网球裙服套装　　图6-1-16 流线拼接女款羽毛球、网球裙裤套装

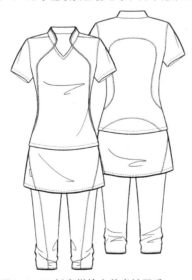
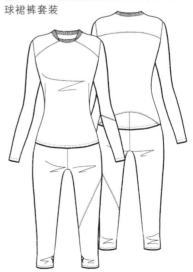

图6-1-17 创意拼接女款半袖羽毛球、网球裙裤套装　　图6-1-18 拼接立领女款羽毛球、网球7分裤套装

 小贴士　绘制网球服装时服装与人体的贴合度是绘制要点。

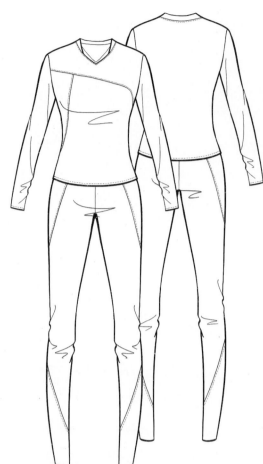

图6-1-19 斜线拼接女款长袖
羽毛球、网球服套装

图6-1-20 带帽拼接女款春秋季羽
毛球、网球服套装

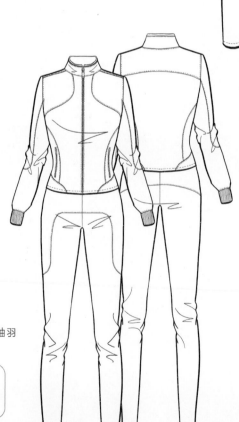

图6-1-21 立领女款长袖羽
毛球、网球服套装

小贴士 拼接面料绘制时，明线
的绘制位置要考量清楚。

2.男款羽毛球、网球服套装款式图

男款羽毛球与网球服在上装上区别不大，款式比较固定，但是在内部结构上却可以大做文章。同样款式的服装，会因为不同的色彩分割而产生不同的效果。色彩和图案是这类服装的主要设计手法（图6-1-22~图6-1-26）。

男款羽毛球、网球服套装款式图

图6-1-22 带帽长袖男款羽毛球、网球服外套

图6-1-23 小立领拼接男款羽毛球、网球服外套

图6-1-24 小翻领拼接设计男款羽毛球、网球服上衣

图6-1-26 小立领男款羽毛球、网球服外套

图6-1-25 小翻领男款羽毛球、网球衫

小贴士 羽毛球、网球服装的面料一般均采用亲肤舒适透气材质，款式设计可以为鲜艳色彩拼接或绚丽的图案，以求活跃激情的视觉感受，造型设计上则简洁精炼。

3. 女款高尔夫球服套装款式图

女款高尔夫球服装上衣多为T恤，下装可以为裤子也可以为裙子，经常也要搭配毛衫。因活动环境和运动类别与竞技场不同，整个活动都会在较为舒缓的环境中进行，故而服装也就表现得温文尔雅（图6-1-27 ~ 图6-1-34）。

女款高尔夫球服套装款式图

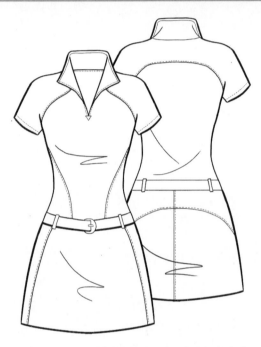

图6-1-27 小翻领流线设计女款高尔夫裙服套装

图6-1-28 立领拼接女款高尔夫球服短裤套装

图6-1-29 小翻领褶纹裙摆女款高尔夫球服套装

图6-1-30 半袖压褶裙摆女款高尔夫球服套装

图6-1-31 小翻领女款高尔夫连衣裙

图6-1-32 针织小立领女款高尔夫球服连衣裙

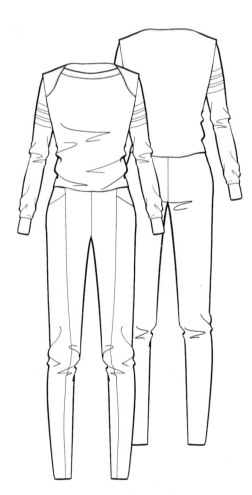

图6-1-33 针织女款高尔夫套装

图6-1-34 小翻领拼接女款高尔夫球服套装

小贴士 球服多为上下成套服饰，整套服装要有联系，互相配合。

4. 男款高尔夫球服套装款式图

男款高尔夫球服也依然是以T恤衫为主要载体的，但是色彩更倾向于温和舒缓的色调，因很多高档商务洽谈都会选择在这样的休闲运动中，所以此类服装均会表现得十分优雅大气，而非绚丽夺目（图6-1-35、图6-1-36）。

男款高尔夫球服套装款式图

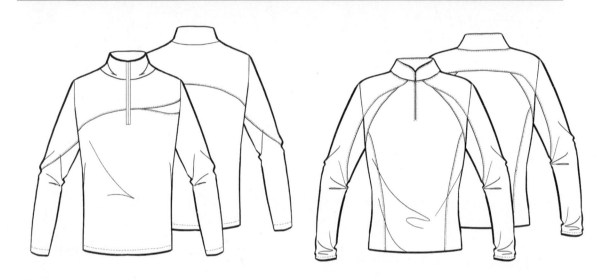

图6-1-35 小立领男款高尔夫球服　　　　　　图6-1-36 小立领流线设计男款高尔夫球服

小贴士 职业运动装的拼接线条绘制要准确明了，不可与其他线条混淆。如有冲突，结构为主。

5. 棒球服外套款式图

棒球服分为普通的棒球外套和专业竞赛用棒球服。两者在形式和面料使用上差别很大。竞赛用棒球服款式较为固定，只是图案与色彩分割变化多样，而棒球服外套因为受到人们的喜爱而大范围的使用于日常生活中。人们传统意义的棒球服主要特点在于收紧的袖口、衣摆和领子，多为短款，但是长款在生活中也逐渐增多（图6-1-37～图6-1-41）。

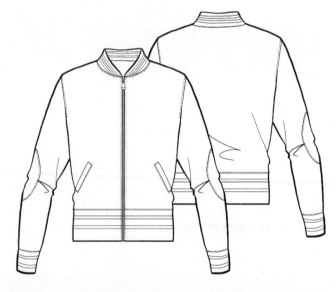

图6-1-37 高腰款棒球服

棒球服外套款式图

图6-1-38 镶钻款棒球服

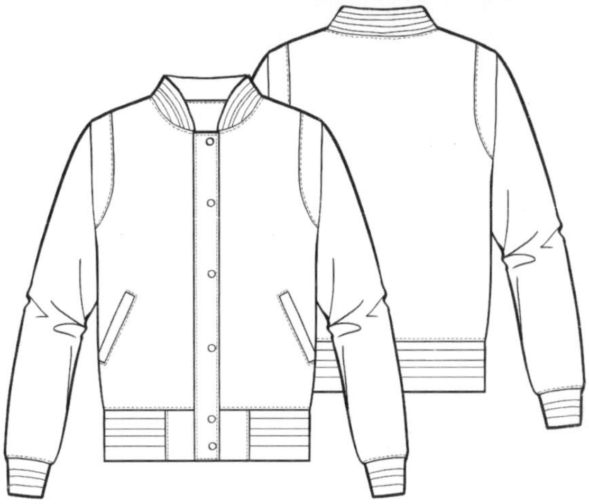

图6-1-39 多材质拼接款棒球服

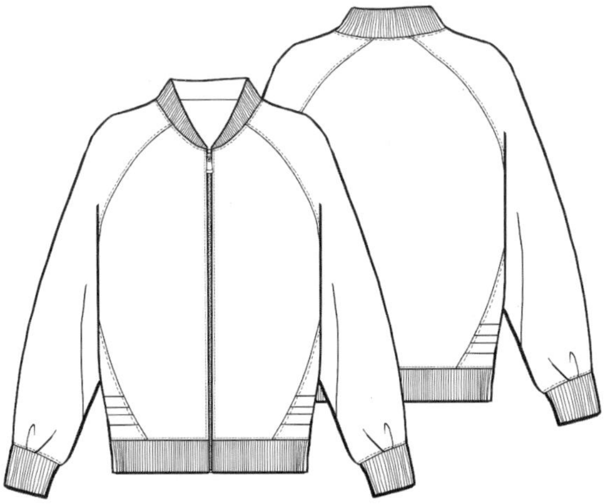

图6-1-40 曲线拼接款棒球服

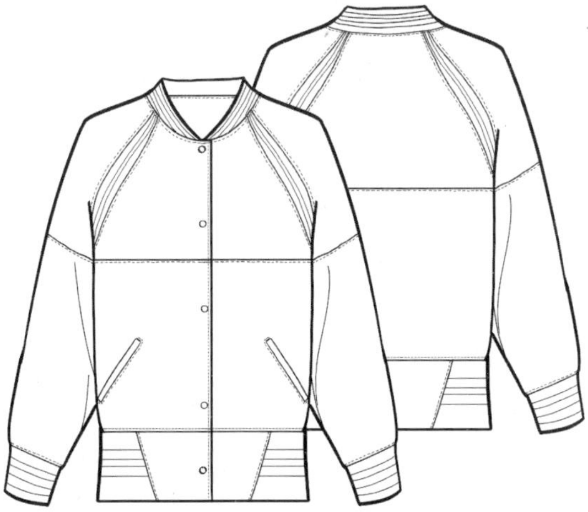

图6-1-41 插肩袖款棒球服

小贴士 大众穿着的棒球服外套和专业运动使用棒球衫在形式和结构上均有差别。棒球服的领口及袖口是设计重点。

6. 职业棒球服款式图

专业棒球服是棒球运动员穿着的制服。大多数的棒球服都会在衣上附上号码及穿着者的姓名，印在背后以作辨认不同的球员。棒球帽、衫、裤、鞋、袜和手套都是棒球服的一部分。大部分的棒球服都有不同的颜色及标志去标明自己的队伍。在实际使用中会配合全套的护具及鞋袜（图6-1-42～图6-1-46）。

职业棒球服款式图

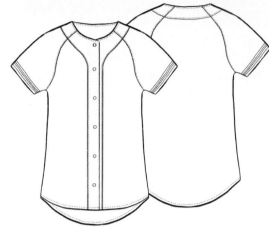

图6-1-42 职业棒球服基本款

图6-1-43 流线设计款职业棒球服

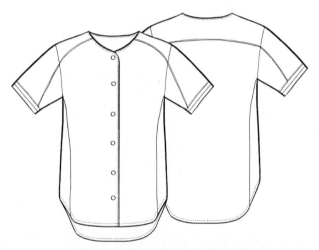

图6-1-44 肩部流线设计款职业棒球服

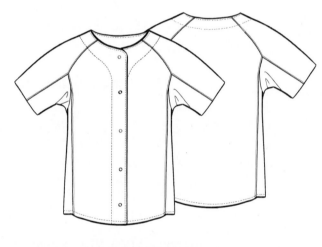

图6-1-45 拼接设计款职业棒球服

图6-1-46 多色拼接款职业棒球服

小贴士　职业棒球服领口设计模式比较固定，前开扣式较多，色彩分割不是十分多。职业棒球服上衣一般都稍长，竞赛时掖在下装里，一般为后襟长于前襟。

（二）专项运动装款式图

一般指骑行、冲浪、滑冰等运动的常用服装。随着人们生活条件的不断提高，人们的休闲和娱乐方式也在逐步发生改变，比如骑车、旅游、冲浪、潜水和滑冰等。这些运动受到人们的青睐，人们对服装的要求也同样越来越高。

1. 女款骑行服款式图

女款与男款骑行服在款式上是比较相近的，都为高弹材质贴身穿着使用。但是在色彩分割的曲线造型上还是有些变化的。女性骑行服的色彩分割会更注重胸部曲线的展现（图6-1-47~图6-1-51）。

女款骑行服款式图

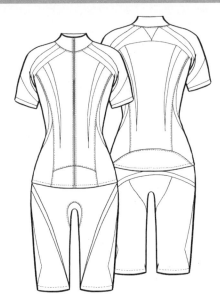

图6-1-47 女款短袖流线图案设计分体式骑行服

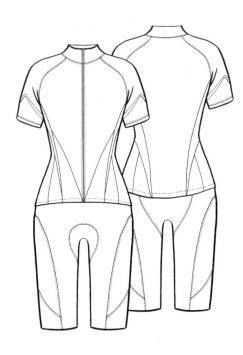

图6-1-49 女款短袖线性图案设计分体式骑行服

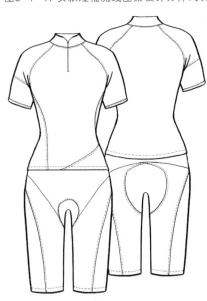

图6-1-48 女款短袖分体式骑行服

> **小贴士** 由于人们对环保及绿色运动的追求，自行车骑行运动已经成为家庭首选运动，人们对于骑行服的需求也越来越多。

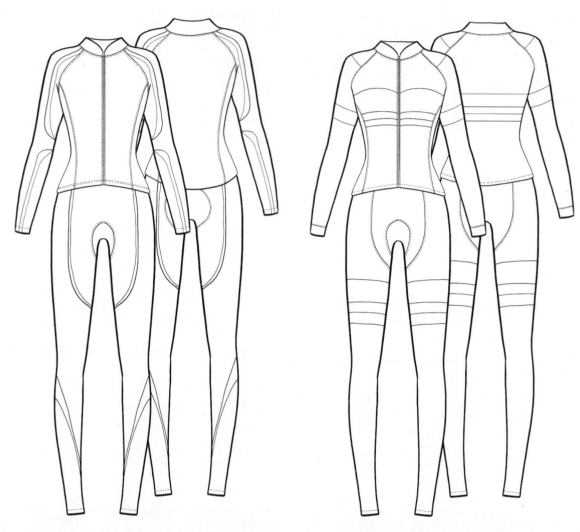

图6-1-50 女款长袖弧线设计分体式骑行服套装　　图6-1-51 女款长袖款分体式骑行服套装

> **小贴士** 骑行服的结特点一般为衣身紧致精炼，图案或拼接裁剪创意丰富，由于该运动的特殊性，结构一般处理为后襟略长。

2. 男款骑行服上衣款式图

男款骑行服同女款一样，有连体式和分体式。分体式骑行服后襟都会略长于前襟。因运动需要，很多骑行服中直接加入了护具因素，把护具置于服装内，如护腰、护臀、护膝等，这样穿着起来更方便，更具美感（图6-1-52～图6-1-56）。

男款骑行服上衣款式图

图6-1-52 男款骑行服

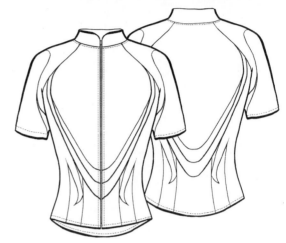

图6-1-53 流线设计男款骑行服

图6-1-54 不规则设计男款骑行服

图6-1-55 立体剪裁设计男款骑行服

图6-1-56 多色拼接男款骑行服

小贴士　男款骑行服与女款在款式上没有太大区别，结构一般处理为后片略长。

3. 滑冰服款式图

　　滑冰服主要有花样滑冰服装和速滑服装两种。现在各大商场中都会内置冰场，所以滑冰运动也被越来越多的人喜爱。花样滑冰分为平时训练使用的训练服和表演服两种。表演服会在后面的例图中有所提及，这里先提供一些训练服给大家参考。训练服在款式上基本上为上下两件套，有时会搭配半身裙，样式还是比较固定的，不同的是装饰线条的变化和结构分割。装饰线条大多为流线型，这样的服装随着人物的滑动会有十分绚丽动感的视觉效果。而速滑服装则更为专业，大多为连体式紧身衣造型（图6-1-57～图6-1-64）。

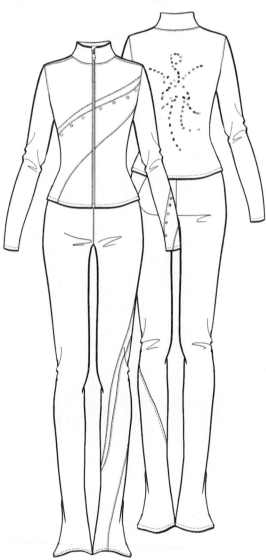

图6-1-57 简洁流线款花样滑冰训练服

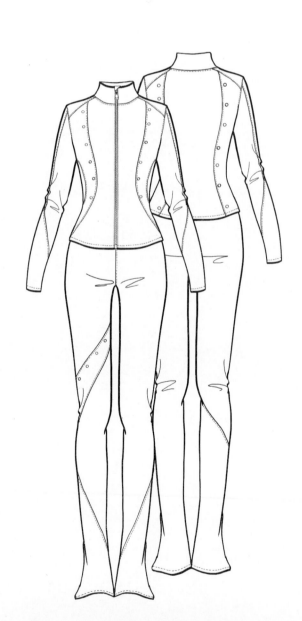

图6-1-58 钉珠曲线设计花样滑冰训练服

滑冰服款式图

图6-1-59 钉珠立体剪裁款花样滑冰训练服

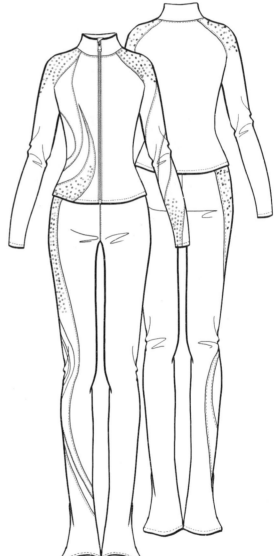

图6-1-60 镶钻款花样滑冰训练服

小贴士 滑冰服一般分为速滑服和花样滑冰服，两者在款式和功能上存在很大差异。

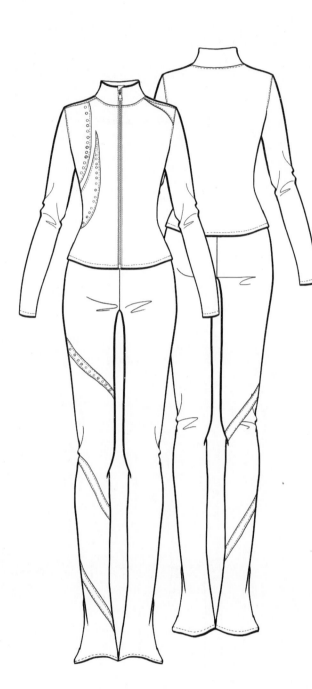

图6-1-62 镶钻花形设计花样滑冰训练服

图6-1-63 镶钻流线设计花样滑冰训练服

图6-1-61 钉珠流线设计款花样滑冰训练服

 花样滑冰多采用流线型线条装饰，配合以镶钻，使服装在运动中看起来更绚丽动感。

图6-1-64 镶钻设计花样滑冰训练服

4. 速滑服款式图

速滑服一般为连体式紧身衣，主要设计点在于图案的装饰和色彩分割上。速滑服装要求的专业性很高，服装分割也都属于功能性分割，图案尽可能花样绚丽，仍是以流线型动感线条为主（图6-1-65、图6-1-66）。

速滑服款式图

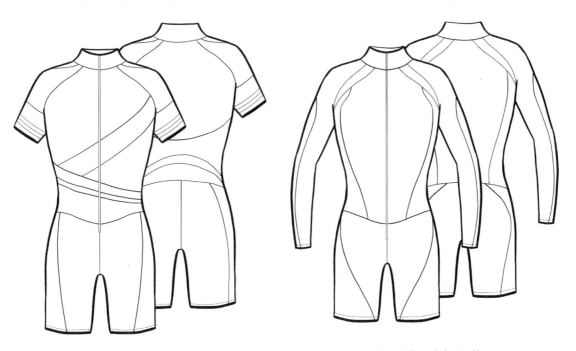

图6-1-65 短袖斜线设计速滑训练服　　　　　　　　图6-1-66 长袖流线设计速滑训练服

> **小贴士**　速滑服装绘制时，各个骨点的位置要明确。

5. 女款排球服款式图

男女款排球服装十分相近，这里以女子排球服作为范例。排球服一般分上下两件套，上装多为短而精的运动T恤，下身为短裤。有时在非专业休闲运动中使用的排球女装中，下装也可为裙裤，可以使运动中的女性更显可爱（图6-1-67~图6-1-70）。

女款排球服款式图

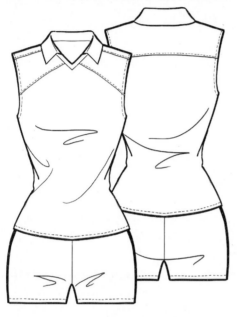

图6-1-67 女款小翻领短裤排球训练服

图6-1-68 女背心款排球训练服

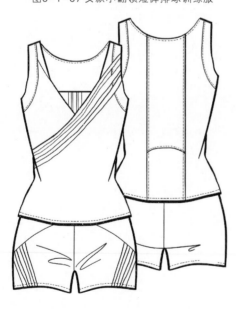

图6-1-69 背心款斜线设计排球训练服

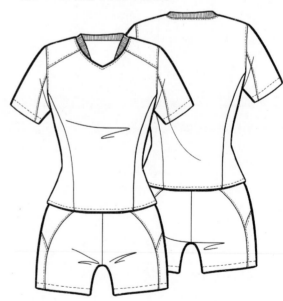

图6-1-70 拼接小领口女款排球训练服

 小贴士　这里提及的球类运动服包含篮球服、足球服、排球服、乒乓球服等。色彩分割仍然是此类服装款式图的设计重点。

6. 男款篮球服款式图

因篮球运动中多有上举手臂投篮动作，衣袖的设置常常会起到阻力作用，故而篮球服多为无袖大T恤款式。上身十分宽松，衣身略长，下身为宽松短裤。经常会在下装中穿着安全底裤，篮球装的形式基本已经固定下来（图6-1-71、图6-1-72）。

男款篮球服款式图

图6-1-71 男款篮球服

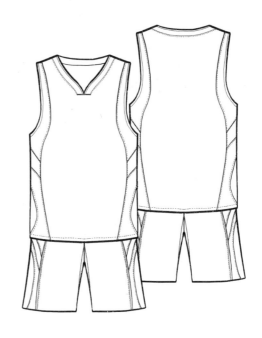

图6-1-72 流线设计男款篮球服

 小贴士　篮球服装多为砍袖 宽松款式，可以加入色彩拼接元素。

7. 男款足球服款式图

足球服装跟篮球服装相比稍微紧致些，不像篮球服装那样宽大，并与短裤搭配。款式造型也是十分固定的，实际应用中多使用不同的图案和色彩搭配，来达到区别不同队伍的目的（图6-1-73、图6-1-74）。

男款足球服款式图

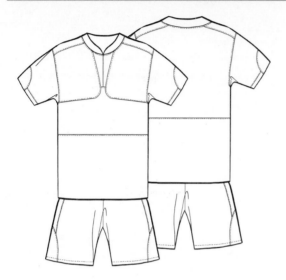 

图6-1-73 男款足球服　　　　　　　　　图6-1-74 流线拼接设计男款足球服

小贴士　足球服的款式多为半袖宽松款式，样式简洁，拼接结构使用较少。

8. 男款乒乓球服款式图

乒乓球运动的服装多为上体合身T恤，下身合体短裤。以前男女款式大致相同，随着越来越多的女性在乒坛赛场上大展技艺，短裙式乒乓球女款服装也逐步出现了（图6-1-75、图6-1-76）。

图6-1-75 流线设计男款乒乓球训练服　　　　图6-1-76 时尚图形设计男款乒乓球训练服

小贴士　乒乓球服下装不像篮球足球服那样宽松，上衣多为带领式T恤。

（三）表演类竞技运动服装款式图

参加比赛或表演类服装主要有滑冰表演服和体操表演服两种，而这两种运动对服装的要求又十分相近。为达到表演或比赛的视觉效果，此类服装以绚丽闪亮的材质装饰。

花样滑冰、体操演出或比赛服款式图

这种竞技类运动的演出或参赛服装，集专业运动服装和演出服的功能于一身，多为贴身弹力紧身服，选取肉色，加以各种装饰和线条设计，配合裙子造型达到美好多变的舞台视觉效果（图6-1-77～图6-1-86）。

图6-1-77 叶形镶钻装饰演出用花样滑冰服、体操服

图6-1-78 流线镶钻设计演出用花样滑冰服、体操服

图6-1-79 花形镶钻透明款演出用花样滑冰服、体操服

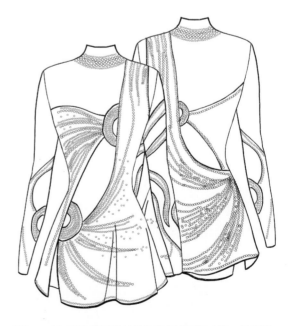

图6-1-80 时尚造型设计款演出用花样滑冰服、体操服

表演竞技类运动服装款式图

图6-1-81 斜肩镶钻装饰款演出用花样
滑冰服、体操服

图6-1-82 花朵装饰不规则吊带款演出用花
样滑冰服、体操服

图6-1-83 花形镶钻款演出用花样滑冰服、体操服

图6-1-84 不规则花形款演出用花样滑冰服、体操服

小贴士 此类服装多用闪亮材质、珠串两片使用较多，为体现舞台表演效果，设计可以更大胆，创意也更灵活。

图6-1-85 斜裁裙尾设计滑冰服、体操服

图6-1-86 多层裙尾设计滑冰服、体操服

第二节 瑜伽服、练功服款式图

一、瑜伽服、练功服款式绘制要点

　　瑜伽服、练功服是女性生活中不可或缺的服装，是瑜伽爱好者或舞蹈爱好者的必选之物。服装的面料主要是以弹性面料为主，可混搭其他材质，款式变化也都不受规范限制，可以很宽松也可以很时尚；款式结构随意变化，配饰不多，绘制中多需使用着装褶纹，以体现服装的宽松度。

　　瑜伽服、练功服款式图绘制步骤如图6-2-1~图6-2-6所示。

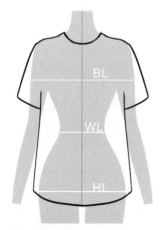

图6-2-1
绘制服装外轮廓

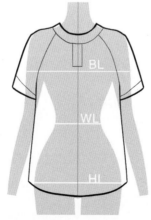

图6-2-2
绘制服装结构线及分割线

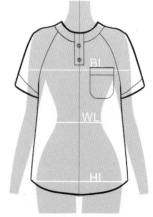

图6-2-3
绘制服装部件及装饰物、钮扣等

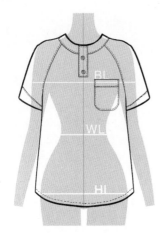

图6-2-4
绘制服装明线、省位线

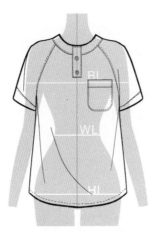

图6-2-5
绘制着装褶纹

图6-2-6
绘制服装背面款式图

二、瑜伽服、练功服款式图

瑜珈服的面料和样式很多，可以很宽松，也可以是随体的弹性面料。为了展示女性美好的身材，上衣多为随体式，下装可采用随体式、宽松式等，并不要求严格划一。设计风格以柔美为主，很少使用硬质装饰物，如钮扣、金属链等。腰带也基本采用松紧式，贴身款式居多。

（一）瑜伽服套装款式图

一般来说瑜伽服分长袖、中长袖、短袖，背心款，吊带款，而裤子是直筒、喇叭、灯笼裤等（图6-2-7~图6-2-11）。

小贴士 瑜伽服的上装多以收身造型为主，下身设计较为宽松。
裁剪线的创意可以为服装增色不少。
舒适的面料及服装造型是休闲运动装的基本设计出发点。
紧身运动装多为高弹面料，裁剪线依然是设计点。

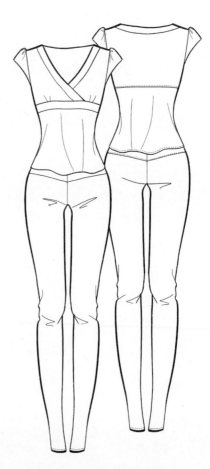

图6-2-7 瑜伽训练服紧身套装

图6-2-8 灯笼裤款瑜伽训练服套装

图6-2-9 喇叭裤款长袖瑜伽训练服套装

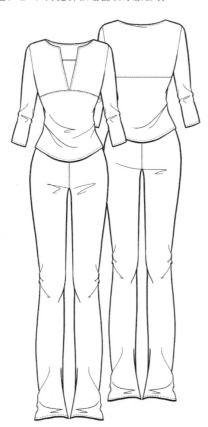

图6-2-10 松紧直筒款瑜伽训练服套装

图6-2-11 不规则裙裤款瑜伽训练服套装

（二）半身式无袖瑜伽服款式图

瑜伽服是健身服之一，健身房中使用的较多，以无束缚感的弹力面料为主，款式为半身式背心，设计中以展现女性身材为主。此类服装一般都具有插入胸片的位置，用以遮挡或调整女性胸部造型，专业的健身服会对女性乳房有一定的包托作用，便于女性做剧烈运动（图6-2-12~图6-2-16）。

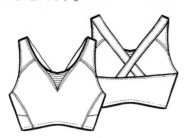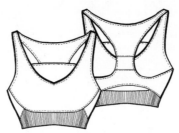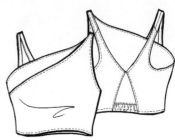

图6-2-12 半身紧身款瑜伽服　　　　图6-2-13 螺纹拼接半身款瑜伽服　　　　图6-2-14 斜肩半身款瑜伽服

图6-2-15 半身背心款瑜伽服　　　　图6-2-16 胸线设计半身款瑜伽服

小贴士 胸部设计是此类服装的亮点，绘制中要注意胸部曲线的变化和分割线的交代。后背的款式往往要比前身款式变化更多。

（三）无袖瑜伽服款式图

无袖的瑜伽服也可以理解为健身背心，与之前的半身式相比，衣身是遮住肚子的，所以设计中衣襟有些变。这种以健身、休闲、运动为主的服装很少使用其他装饰物品，都是使用线条分割色块的手法来活跃服装样式的，也有少量使用花边及贴边设计（图6-2-17~图6-2-26）。

图6-2-17 后背交叉款瑜伽服　　　　图6-2-18 束腰款肩背式瑜伽服　　　　图6-2-19 交叉肩带设计瑜伽服

无袖瑜伽服款式图

图6-2-20 底腰抽褶吊带款瑜伽服

图6-2-21 创意背部设计背心款瑜伽服

图6-2-22 肩带款瑜伽服

图6-2-23 肩带款背部拧结瑜伽服

图6-2-24 背带式瑜伽服

图6-2-25 背心款瑜伽服

图6-2-26 领口抽褶式瑜伽服

 小贴士 着装褶纹的绘制是表现此类服装与人体之间关系的重点。

（四）半袖瑜伽服款式图

瑜伽服的半袖款式多样，大多以柔软舒适为主，而不会选用繁琐、奇异的造型。常见的袖型为筒袖、荷叶袖、飞袖等（图6-2-27~图6-2-36）。

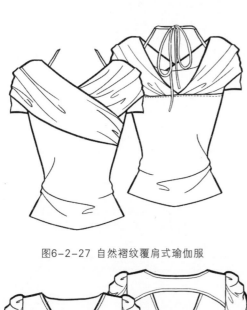

图6-2-27 自然褶纹覆肩式瑜伽服

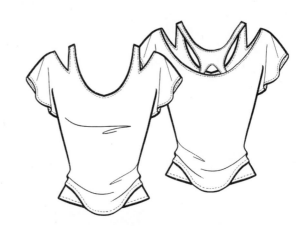

图6-2-28 荷叶袖款瑜伽服

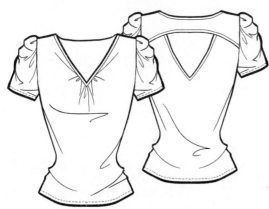

图6-2-29 抽褶半袖瑜伽服

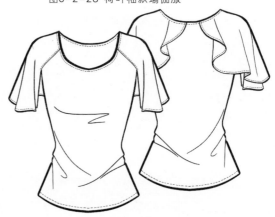

图6-2-30 时尚盖肩袖瑜伽服

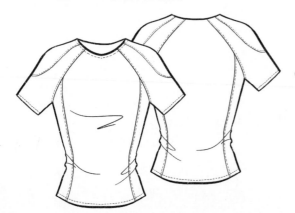

图6-2-31 流线拼接款瑜伽服

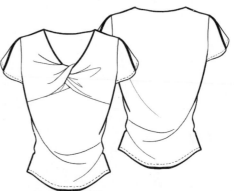

图6-2-32 胸前拧花式瑜伽服

半袖瑜伽服款式图

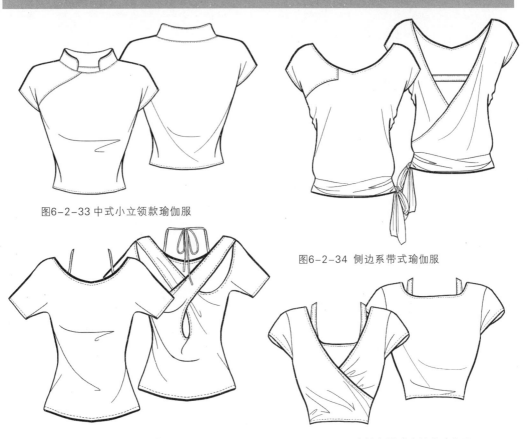

图6-2-33 中式小立领款瑜伽服

图6-2-34 侧边系带式瑜伽服

图6-2-35 背部交叉款瑜伽服

图6-2-36 胸前交叠式半袖款瑜伽服

> **小贴士** 着装褶纹的绘制是表现此类服装与人体之间关系的重点。

（五）长袖瑜伽服款式图

瑜伽与健身服中的袖长，以7分袖以下的长度居多，为活动需要，大多选用7分袖。而正是这种稍稍过肘的7分袖，使此类服装看起来精巧清新（图6-2-37～图6-2-50）。

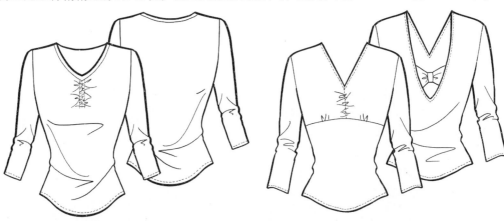

图6-2-37 胸前抽褶式长袖瑜伽服

图6-2-38 半身剪裁式长袖瑜伽服

长袖瑜伽服款式图

图6-2-39 肩带款长袖瑜伽服

图6-2-40 小圆领长袖款瑜伽服

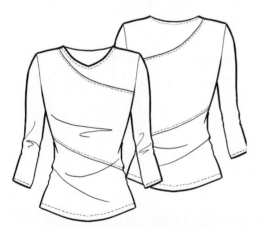

图6-2-41 斜裁拼接款长袖瑜伽服

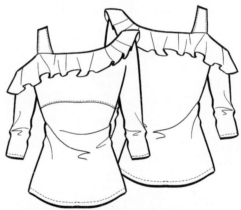

图6-2-42 斜肩式荷叶边瑜伽服

图6-2-43 露肩款长袖瑜伽服

图6-2-44 抽褶款双层瑜伽服

长袖瑜伽服款式图

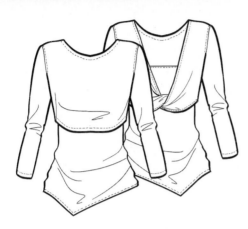 

图6-2-45 双层结构长袖瑜伽服　　　　图6-2-46 方形领口瑜伽服

图6-2-47 中式立领款瑜伽服　　　　图6-2-48 中式立领款斜襟瑜伽服

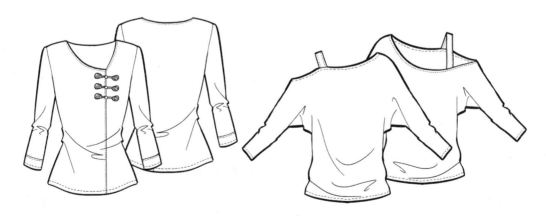

图6-2-49 侧襟中式长袖瑜伽服　　　　图6-2-50 斜式露肩蝙蝠袖瑜伽服

 小贴士　注意袖子肘部的变化与褶纹关系。

（六）瑜伽训练裤款式图

　　贴身高弹的材质可以减少对于身体运动中的束缚，也可以非常好地展现出舞者的形体美感（图6-2-51～图6-2-60）。

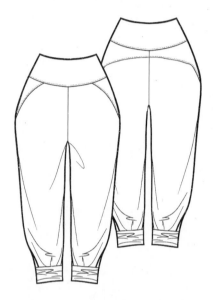

图6-2-51 六分收腿款瑜伽练功裤

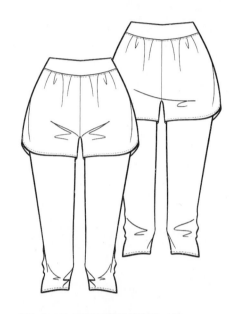

图6-2-52 双层短裤款瑜伽练功裤

图6-2-53 腰部堆褶式瑜伽练功裤

图6-2-54 长款裙边式瑜伽练功裤

瑜伽训练裤款式图

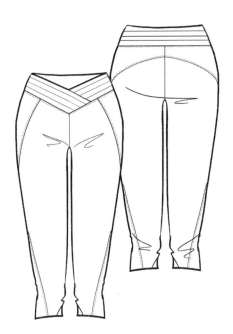

图6-2-55　松紧带设计款瑜伽练功裤

图6-2-56　高腰松紧款瑜伽练功马裤

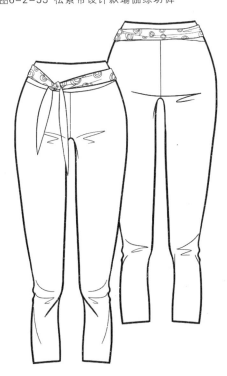

图6-2-57　7分腰带款瑜伽练功裤

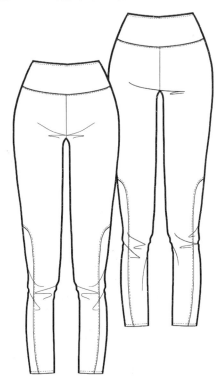

图6-2-58　7分收身立体剪裁款瑜伽练功裤

小贴士　不同宽松度的裤子要注意裆部着装褶纹的绘制。

瑜伽训练裤款式图

图6-2-59 宽松阔腿瑜伽练功裤

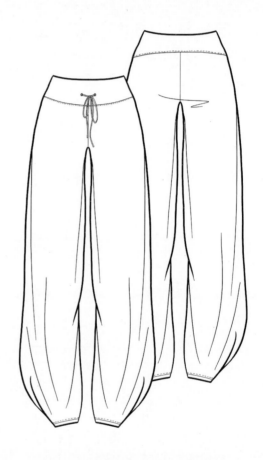

图6-2-60 裤脚收口灯笼款瑜伽练功裤

小贴士　宽松裤型的褶纹关系是绘制的关键，要注意体现出内在的人体结构。

（七）舞蹈练功服款式图

舞蹈练功服多采用高弹透气材质，服装以连体式为常见。贴身高弹的材质可以减少对于身体运动中的束缚，也可以非常好地展现出舞者的形体美感。舞蹈练功服多见于舞蹈爱好者和从业者，搭配各类半身裙，达到优美飘逸的视觉效果（图6-2-61～图6-2-70）。

舞蹈练功服款式图

图6-2-61 小立领中式无袖款舞蹈练功服

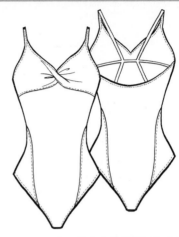

图6-2-62 胸口拧花肩带款舞蹈练功服

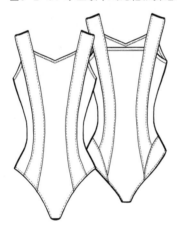

图6-2-63 宽肩带款舞蹈练功服

图6-2-64 胸口抽褶双肩带款舞蹈练功服

图6-2-65 背心裙款舞蹈练功服

图6-2-66 肩部抽褶式舞蹈练功服

舞蹈练功服款式图

图6-2-67 欧根纱裙摆舞蹈练功服

图6-2-68 背部蝴蝶结式舞蹈练功服

图6-2-69 肩带式长款透明半身裙舞蹈练功服

图6-2-70 背部米字带形舞蹈练功服

小贴士 此类服装的背部设计是一大亮点，绘制中要注意设计意图的展现。

（八）拉丁舞蹈服款式图

拉丁舞蹈服也是一款十分绚丽的服饰，服装尽显女性身材的美好，并配合以大量丝带、羽穗，使人物在舞动中飘逸动感，装饰物件随着身体的转动上下翻飞，给人以华彩绚丽的视觉感受（图6-2-71～图6-2-80）。

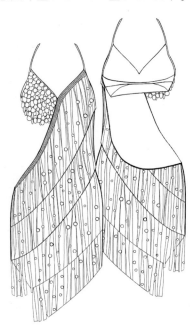

图6-2-71 斜式流苏亮片设计拉丁舞蹈服

图6-2-72 露肩款镶钻拉丁舞蹈服

图6-2-73 长袖钉珠设计款拉丁舞蹈服

图6-2-74 不规则钉珠设计拉丁舞蹈服

拉丁舞蹈服款式图

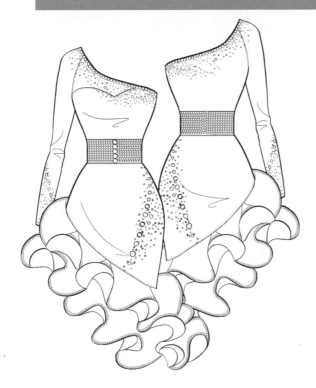

图6-2-75 斜肩镶钻波浪裙摆舞拉丁舞蹈服

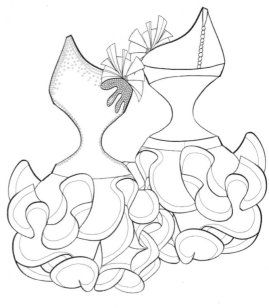

图6-2-76 斜肩花式拉丁舞蹈服

图6-2-77 方形亮片设计拉丁舞蹈服

图6-2-78 流苏式拉丁舞蹈服

图6-2-79 多层大裙摆分体式拉丁舞蹈服

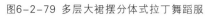

小贴士　此类服装创意大胆，绘制中要注意结构的连接转折关系。

图6-2-80 鱼鳞叠片式拉丁舞蹈服

第三节 户外服装款式图

一、户外服装款式图绘制要点

　　户外环境复杂多变，为抵御恶劣环境对人体的伤害，保护身体热量不被散失以及快速排出运动时所产生的汗水，在登山、攀岩及其他户外运动时，应该做到分层着装。所谓分层着装，是指将服装分为内胆和外皮，内胆具有保暖透气功能，外层服装具有御寒、防风、防水以及防冻等功能。在户外运动中穿着不同材质的服装，以适应野外各种天气变化对人体所带来的影响，例如冲锋衣裤、抓绒衣裤、保暖衣裤、防晒衣裤、速干衣裤等。

　　户外服装按其功能可分为冲锋衣、滑雪服和登山服。冲锋衣更贴近人们日常生活，成为休闲装的一种。冲锋衣以保暖、防水、防风为主要特点，夏季服装多采用速干、防晒面料；滑雪服在款式上则需收紧袖口、衣摆及裤口，以连体式服装为主；登山服则需要面料有透气性、吸汗性。户外服装因面料硬滑而以分割裁剪为主要设计，拼色便成为其主要特色。线稿中无法体现色彩，巧妙、漂亮的分割线是绘制要点。

　　户外服装款式图绘制步骤如图6-3-1~图6-3-6所示。

图6-3-1
绘制服装基本轮廓

图6-3-2
绘制服装裁剪线、结构线

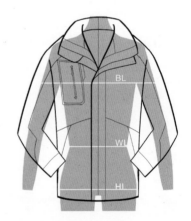

图6-3-3
绘制服装部件

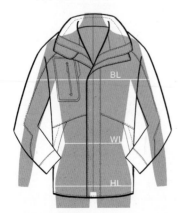

图6-3-4
绘制服装明线

图6-3-5
绘制服装褶纹关系

图6-3-6
绘制服装背面款式图，绘制完成

二、户外服装款式图

这里提到的服装款式包括冲锋衣裤、滑雪服、防晒皮肤衣和户外卫衣等，都是日常生活中使用率较高的服装。此类服装是集功能性与设计性于一身的最集中的体现。绘制中既要考虑到功能性服装的特殊性，又要兼具设计美感。

（一）登山服、冲锋衣款式图

登山服和冲锋衣在款式上没有明显区分，是可以相互使用而无明确界限的，我们把这类户外服装统称为冲锋衣。冲锋衣的外形比较固定，多在结构裁剪、色块拼接方面做文章（图6-3-7 ～图6-3-16）。

图6-3-7 直线拼接冲锋衣   图6-3-8 多色拼接冲锋衣

图6-3-9 修身剪裁冲锋衣   图6-3-10 曲线拼接冲锋衣

登山服、冲锋衣款式图

图6-3-11 曲线收身冲锋衣

图6-3-12 女款对称剪裁冲锋衣

图6-3-13 女款不规则剪裁冲锋衣

图6-3-14 女款斜线拼接冲锋衣

图6-3-15 女款腰部剪裁冲锋衣

图6-3-16 女款交叉线拼接冲锋衣

 小贴士　冲锋衣的面料质感硬度较强，绘制时线条要坚定硬朗。

（二）冲锋裤款式图

　　冲锋裤是搭配冲锋衣穿着使用的，在款式上一般与上衣相呼应，但是也可独立穿着使用。冲锋裤为考虑到户外活动方便，都会选用略微宽松的筒形裤结构，膝盖部位为便于曲腿动作而做一定的立体剪裁，收紧式裤腿结构也会经常用到此类裤装中（图6-3-17~图6-3-21）。

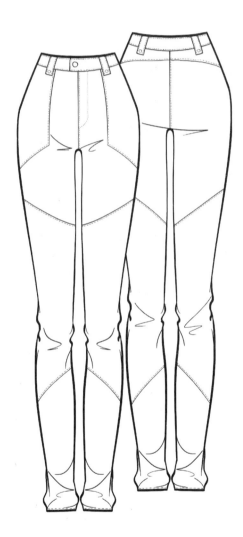 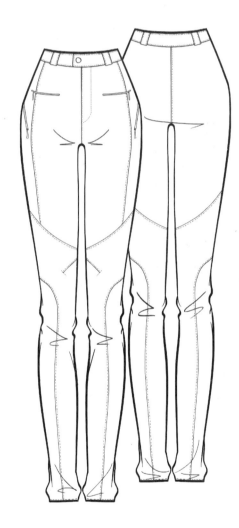

图6-3-17 女款拼接冲锋裤（一）　　　　　　　　图6-3-18 女款拼接冲锋裤（二）

 体现户外服装褶纹时，线条要简练硬朗，要有一定的硬度感。
绘制户外服装的收口部位时要注意线条表现。

登山服、冲锋衣款式图

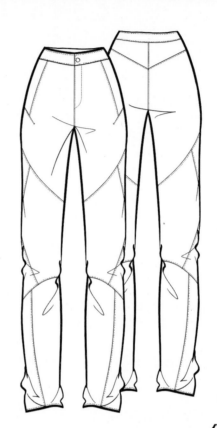

图6-3-20 男款拼接冲锋裤（二）

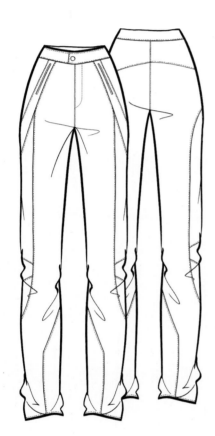

图6-3-19 男款拼接冲锋裤（一）

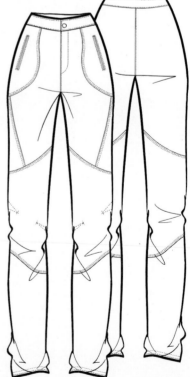

图6-3-21 男款拼接冲锋裤（三）

（三）滑雪服款式图

　　滑雪服在实际使用中更注重服装的防风保暖性能，对面料材质的要求极高。服装大多也采用双层或多层设计，分为内胆和外皮结构。滑雪服内胆主要采用羽绒等材料填充，服装具有一定的蓬松感，袖口多为紧束式，绘制中需要注意表现出该类服装的特色（图6-3-22～图6-3-25）。

图6-3-22 绚丽多彩拼接设计滑雪服

图6-3-23 多色硬线设计滑雪服

图6-3-24 简洁流线拼接设计滑雪服

图6-3-25 女士充绒款滑雪服

> **小贴士**　绘制滑雪服时，体现服装的空气感和厚度是表现的重点，服装结构分割需清晰体现。

（四）皮肤衣款式图

皮肤衣又叫皮肤风衣。顾名思义，就是要具备皮肤的一些性能，比如透气性、排汗性、耐磨性等。皮肤衣的轻盈感是此类服装的一大特色，薄如蝉翼，如皮肤般细滑柔软。它使用的材质具有极轻的重量，穿着舒适，透气性好是其对面料的基本需求。在近年的服装市场上皮肤衣一直处于夏季的主流着装地位，防晒性是夏季人们选择穿着的主要因素，色彩多采用明度较高的纯色系，果冻色十分受欢迎（图6-3-26~图6-3-29）。

图6-3-26 插肩袖设计皮肤风衣

图6-3-27 抽褶设计皮肤风衣

图6-3-28 大贴边设计皮肤风衣

图6-3-29 时尚设计皮肤风衣

小贴士　皮肤衣与其他运动类服装一样，也可在款式分割和色彩拼接上做文章，但是因为面料十分轻薄，分割线尽量简洁明快，不宜过多。

第七章
裙装、礼服款式图
QUNZHUANGLIFUKUANSHITU

裙装，在女装中有着无可替代的地位，是女人一生中不可或缺的"闺密"。不管是日常生活中还是重大节日酒会，或是结婚庆典中，裙子始终是首选。裙装可以把女性的性感、娇美、温柔的特质展现出来。美丽的胸部曲线、修长的腿部、细细的腰肢，女性美好的身材都可以通过不同款式的裙装得到展现。

生活中的裙装主要有半身裙和连衣裙，礼仪酒会中的裙装主要有晚礼服、小礼服和婚礼服，以及有着中国特色的旗袍。这里把旗袍款式图单列一个小节，不仅仅因为是中国特色服装，更是因为旗袍已经在国际上占有很重要的地位，在时尚界深受各国人们和设计师的喜爱。

第一节 裙装款式图

一、日常裙装款式图绘制要点

日常裙装主要分为半身裙和连衣裙。半身裙的绘制主要集中在腰部的体现，即收腰方式的交待说明。连衣裙在绘制中多以上半身的款式绘制为主，裙体相对来说较为简单。绘制中一定要注意区别。半身裙可以在结构设计和配饰上多用笔墨，连衣裙为避免视觉重心下移，多在上装上用心较多。

裙装款式图绘制步骤如图7-1-1~图7-1-6所示。

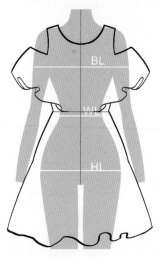

图7-1-1
绘制服装外轮廓

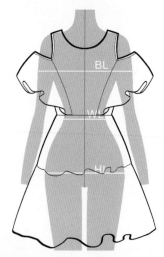

图7-1-2
绘制服装结构线及分割线

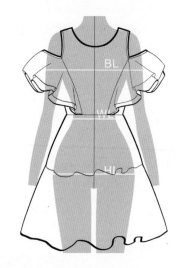

图7-1-3
绘制服装部件及装饰物、钮扣等

图7-1-4
绘制服装明线、省位线

图7-1-5
绘制着装褶纹

图7-1-6
绘制服装背面款式图

二、日常裙装款式图

裙子是绘制服装款式图中必须要体现的一项，因其为女性专属并为女性所钟爱，在各种场合中都是不可或缺的一员。自人类有服装以来就有裙子的出现了，直至今日，裙子仍然是女性生活中不可或缺的一部分，并且不断演绎出新的时尚和风采。

（一）短款半身裙

短款半身裙指腰部以下至膝盖以上长度的裙装，有牛仔裙、皮裙、弹力裙、百褶裙、多层蛋糕裙、运动裙等。款式变化十分丰富，材质选用也颇为广泛。半身裙的设计点一是腰部，一是裙摆，这都是设计的重点和亮点。当然，在某些款式简单的裙子中，配饰的运用也是点睛之笔。短款半身裙款式图如图7-1-7~图7-1-36所示。

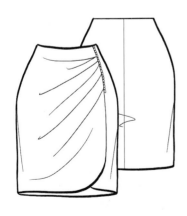

图7-1-7 纵向抽褶不规则款式
短款半身裙

图7-1-8 A字型短款半身裙

图7-1-9 包臀式紧身短款半身裙

日常短款半身裙款式图

图7-1-10 侧边压褶式短款半身裙

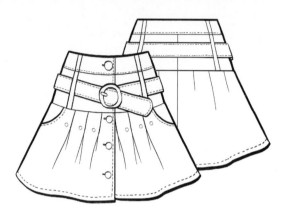

图7-1-11 压褶式A字款短款半身裙

图7-1-12 斜裁大摆短款半身裙

图7-1-13 纵向抽褶式流线造型短款半身裙

图7-1-14 压褶式大摆短款半身裙

图7-1-15 中腰花朵造型短款半身裙

小贴士 短款半身裙的裁剪和分割线一般集中在腰部。

日常短款半身裙款式图

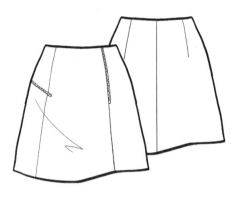

图7-1-16 A字型简约拉链装饰短款半身裙

图7-1-17 双层抽褶式不规则短款半身裙

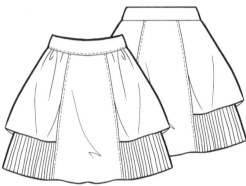

图7-1-18 双层双材质拼接式短款半身裙

图7-1-19 抽褶式双层短款半身裙

图7-1-20 层递式造型短款半身裙

图7-1-21 宽腰抽褶式大摆短款半身裙

 小贴士 短款半身裙可少用着装褶纹。

日常短款半身裙款式图

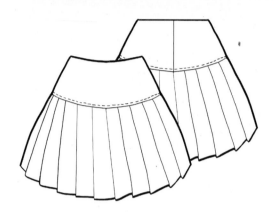

图7-1-22 百褶式短款半身裙

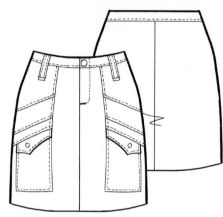

图7-1-23 多重分割式短款半身裙

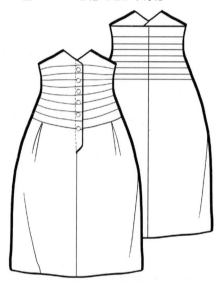

图7-1-24 高腰花苞式短款半身裙

图7-1-25 多层抽褶式短款半身裙

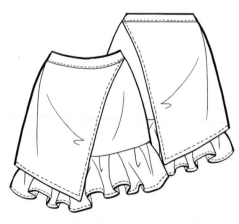

图7-1-26 双层结构式大抽褶裙边短款半身裙

图7-1-27 木耳装饰腰边双层短款半身裙

小贴士 裙摆的层次感和结构要表达清晰。

日常短款半身裙款式图

图7-1-28 简洁A字款式牛仔短款半身裙

图7-1-29 不规则压褶式包臀短款半身裙

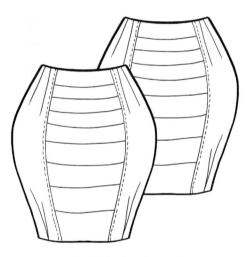

图7-1-30 创意结构花苞式短款半身裙

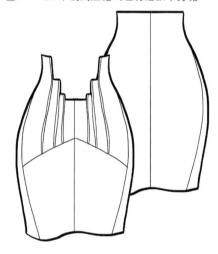

图7-1-31 创意腰型花苞式短款半身裙

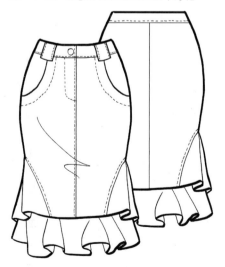

图7-1-32 小鱼尾式短款半身牛仔裙

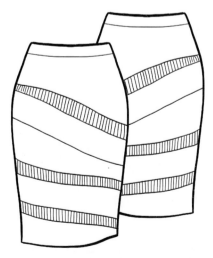

图7-1-33 创意拼接包臀式短款半身裙

小贴士　裙摆的褶纹表现可以体现出裁剪的特色。

图7-1-34 A字型创意分割短款半身裙

图7-1-35 不规则拼接式百褶短款半身裙

图7-1-36 高腰细带式底边抽褶短款半身裙

 小贴士　短裙的造型可以很夸张，但要在合理的裁剪基础上。

（二）长款半身裙款式图

长款半身裙指裙子长度达到膝盖以下部位。因为此款服装长度较长，所以在设计中只能以一头为重，或是头，或是尾，而不能首尾并重。在绘制中也要注意取其重点表现，要有主有次。一场戏，主角只能有一个，其他角色所起到的作用都是为了托出主角，而不是要与主角抢戏，这就是所谓"首尾不能并重"的道理（图7-1-37 ~ 图7-1-46）。

图7-1-37 高腰抽褶式长款半身裙

图7-1-38 多层抽褶式高腰不规则长款半身裙

日常长款半身裙款式图

图7-1-39 不规则底边长款半身裙

图7-1-40 多层抽褶长款半身裙

图7-1-41 中门钮扣式长款半身裙

图7-1-42 半抽腰式牛仔长款半身裙

小贴士 连衣裙绘制中要注意表现胸、腰、臀部的曲线结构。

日常长款半身裙款式图

图7-1-43 底边收紧创意造型长款半身裙

图7-1-44 多层拼接抽褶长款半身裙

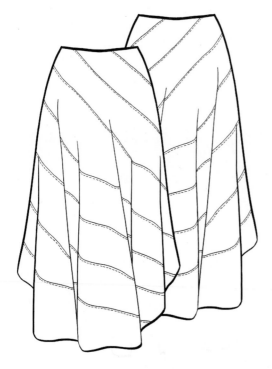

图7-1-45 斜向拼接长款半身裙

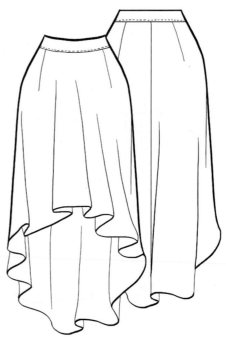

图7-1-46 前短后长式长款半身裙

小贴士 腰带在连衣裙的款式中应用较多。

（三）连衣裙款式图

连衣裙在夏装中一直都是女性穿衣的首选。因为它简单便捷，同时也省却了穿搭的麻烦，整体效果好。连衣裙在女性的日常穿着和时尚秀场中一直都处于主流地位，可见其款式对于女性的重要性。连衣裙可以展现出女性的柔美多姿，勾勒出女性的曲线与身材，还可以搭配针织衫、套头衫、毛衣或者春秋款厚外套穿着，美观性与实用性都很强（图7-1-47～图7-1-96）。

图7-1-47 七分袖连身款中腰抽带连衣裙

图7-1-48 压褶设计中腰连衣裙

图7-1-49 小V领宽松款半袖中腰连衣裙

图7-1-50 透明蕾丝拼接款花苞式抽褶收腰连衣裙

小贴士 连衣裙的款式变化十分丰富，绘制中要注意结构表现。

连衣裙款式图

图7-1-51 创意大肩型无腰款连衣裙

图7-1-52 针织蕾丝款多层裙摆连衣裙

图7-1-53 无袖自然褶纹款连衣裙

图7-1-54 肩带款一字领型紧身连衣裙

图7-1-55 创意大领边款底部收紧连衣裙

图7-1-56 刺绣镶钻款多层荷叶底边连衣裙

连衣裙款式图

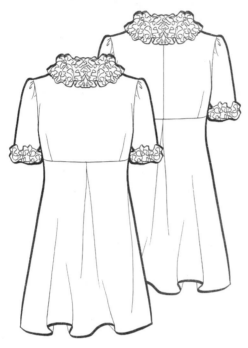

图7-1-57 抽褶花形领口装饰款高腰连衣裙

图7-1-58 大V型木耳边领口中腰立体剪裁连衣裙

图7-1-59 背心款多层自然波浪边无腰连衣裙

图7-1-60 大露背款中腰连衣裙

 小贴士 复杂结构的连衣裙，可以结构褶纹为主。

连衣裙款式图

图7-1-61 深V背心款A字裙摆连衣裙

图7-1-62 单肩底边收边式中腰花苞连衣裙

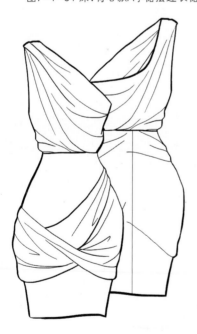

图7-1-63 斜肩式褶纹造型中腰款连衣裙

图7-1-64 无肩式领部抽褶中腰连衣裙

小贴士 很多服装款式是利用面料的着装褶纹形成一定的肌理感的。

连衣裙款式图

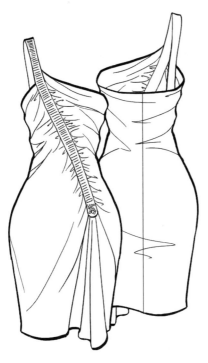 

图7-1-65 斜肩式创意抽褶款连衣裙　　图7-1-66 不对称肩带款大蝴蝶结中腰连衣裙

 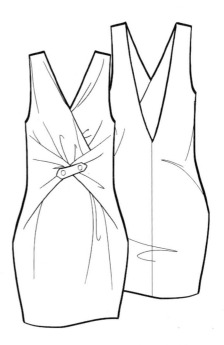

图7-1-67 衬衫款创意扭结中腰连衣裙　　图7-1-68 背心款重叠式松腰连衣裙

小贴士　连衣裙的衣襟、裙摆都可以设计为非对称式，绘制时要理清结构。

连衣裙款式图

图7-1-69 荷叶半袖款松腰连衣裙

图7-1-70 背心款中腰花形连衣裙

图7-1-71 长袖款高领百褶裙摆式连衣裙

图7-1-72 露肩款不规则剪裁收腰连衣裙

小贴士 腰部设计是连衣裙的重点部位，绘制中要交待清结构。

连衣裙款式图

图7-1-73 大V字针织领口时尚中腰连衣裙

图7-1-74 不对称肩型中腰连衣裙

图7-1-76 包胸式中腰时尚连衣裙

图7-1-75 深V款不规则大裙摆连衣裙

小贴士 服装的背部设计也不可忽略。

连衣裙款式图

图7-1-77 斜裁自然褶纹式中腰连衣裙

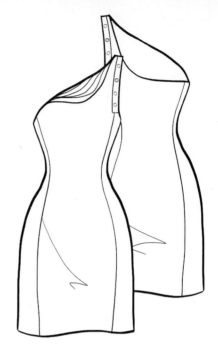

图7-1-78 斜肩创意领口型公主线收腰连衣裙

图7-1-79 衬衫款半袖斜向剪裁中腰连衣裙

图7-1-80 颈带式露背多层抽褶拼接连衣裙

小贴士 结构简单的款式可适当绘制结构褶纹带出人体以及胸部。

连衣裙款式图

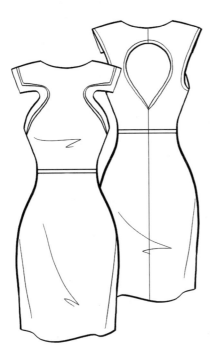

图7-1-81 创意领型松紧收腰款连衣裙

图7-1-82 半袖中腰层递交替抽褶式结构连衣裙

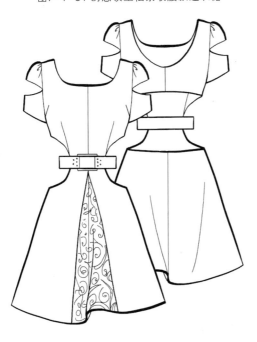

图7-1-83 创意袖型露腰款式中腰连衣裙

图7-1-84 非对称领口抽褶式宽松款连衣裙

小贴士　连衣裙的裙摆表现要有条理。

连衣裙款式图

图7-1-85 立体剪裁款抽褶裙摆连衣裙

图7-1-86 吊带款中腰压褶连衣裙

图7-1-87 露背款裙边收紧式花朵连衣裙

图7-1-88 背心款不规则底边宽松款连衣裙

小贴士 抽褶技法对服装的造型起着很大的作用，绘制时要注意褶纹的表现。

连衣裙款式图

图7-1-89 肩带式时尚中腰创意款连衣裙

图7-1-90 背带交叉式镶钻款中腰连衣裙

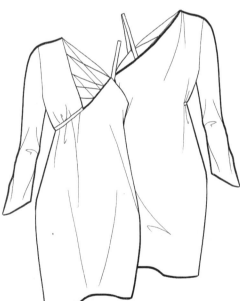

图7-1-91 非对称式创意结构款连衣裙

小贴士 裙装结构层次要绘制明确。

图7-1-92 时尚创意领型拼接款长连衣裙

连衣裙款式图

图7-1-93 吊带式蝴蝶结镶钻无腰连衣裙

图7-1-94 大V镶钻领口创意褶痕肌理款连衣裙

图7-1-95 半袖衬衫款中腰A字裙摆连衣裙

图7-1-96 双材质拼接式抽褶花边裙摆连衣裙

小贴士 利用线条粗细表现服装面料的薄厚特点时，要注意层次间的相互关联。

第二节 礼服款式图

一、礼服款式图绘制要点

礼服是指在某些重大场合上参与者所穿着的庄重而且正式的服装。根据场合的不同，礼服可分为晚礼服、小礼服和婚纱。不同的服装款式变化也不尽相同，但共同的一点是，都要体现出女性身材感。小礼服和婚纱上半身一般为紧身式，目的是突出女性胸部造型，下身为紧身式或外展式。晚礼服没有这样的限制和要求，更多的会强调服装整体的设计感。礼服类服装，无论是哪种款式，其装饰、配饰和造型都使用较多。

礼服款式图绘制步骤如图7-2-1~图7-2-6所示。

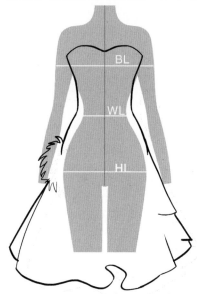

图7-2-1 绘制服装外轮廓

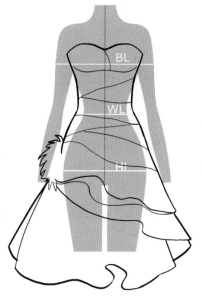

图7-2-2 绘制服装结构线及分割线

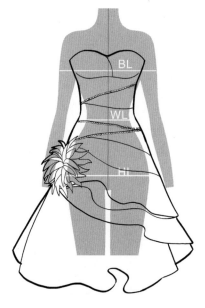

图7-2-3 绘制服装部件及装饰物、钮扣等

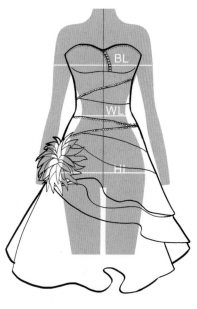

图7-2-4 绘制服装明线、省位线

225

图7-2-5　绘制着装褶纹　　　　　　　图7-2-6　绘制服装背面款式图

二、礼服款式图

（一）小礼服

　　小礼服是在晚间或日间的鸡尾酒会、正式聚会、仪式、典礼上穿着的礼仪用服装。裙长在膝盖上下5cm，适宜年轻女性穿着。与小礼服搭配的服饰适宜选择简洁、流畅的款式，着重呼应服装所表现的风格。绘制中要把握小礼服的设计点或面，以便更好地表现出设计意图（图7-2-7~图7-2-40）。

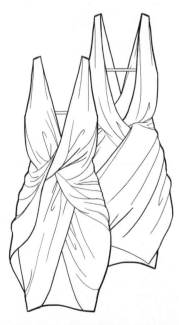

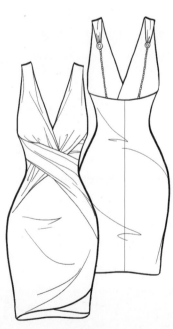

图7-2-7　交错式褶纹造型小礼服　　　　图7-2-8　深V腰部交叉褶纹款小礼服

小礼服款式图

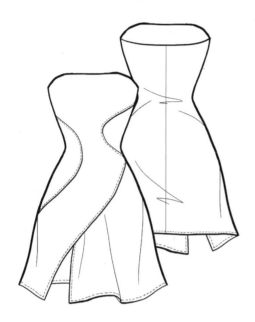

图7-2-10 抹胸款流线胸型镶钻大摆小礼服

图7-2-9 抹胸款流线拼接小礼服

图7-2-11 斜向拼接式堆叠裙摆式小礼服

图7-2-12 多层抽褶花边小礼服

小贴士 小礼服款式一般都较为复杂，绘制时要清晰交待出结构特色。

小礼服款式图

图7-2-13　抽褶领边自然褶纹露背款小礼服

图7-2-14　肩带款大袖窿式刺绣小礼服

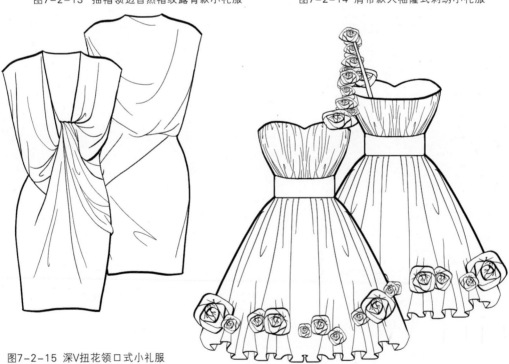

图7-2-15　深V扭花领口式小礼服

图7-2-16　单肩花朵抽褶式小礼服

小贴士　面料的褶纹不同走向，形成新的肌理，为设计注入生机。

小礼服款式图

图7-2-17　抹胸刺绣款大裙摆镶钻小礼服

图7-2-18　抹胸镶钻款双层结构小礼服

图7-2-19　胸前交叉颈带宽线条拼接式小礼服

图7-2-20　花瓣肩部造型款束腰小礼服

小贴士　小礼服的服装结构表现要适宜。

小礼服款式图

图7-2-21 宽肩带立体收腰剪裁拼接款小礼服

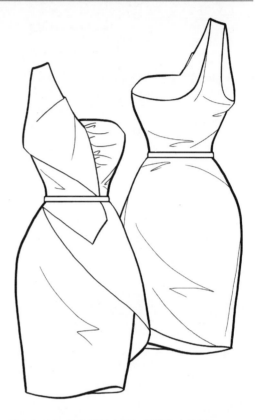

图7-2-22 单肩时尚大领口款紧身小礼服

图7-2-23 吊带蕾丝花朵大领边款A型裙摆小礼服

图7-2-24 斜肩多层创意造型款小礼服

小礼服款式图

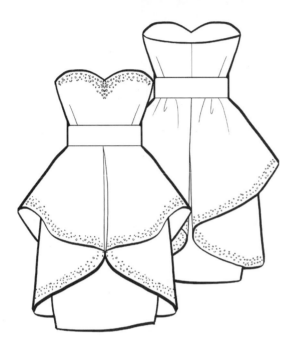

图7-2-25 抹胸镶钻款多层叠转造型式小礼服

图7-2-26 抹胸抽褶装饰款小礼服

图7-2-27 郁金香胸部造型式轻纱款小礼服

图7-2-28 双材质层叠式拼接造型抹胸小礼服

 小贴士 不同面料的使用在绘制中可使用不同粗细的线条表现出来。

小礼服款式图

图7-2-29 抹胸款褶纹花朵造型小礼服

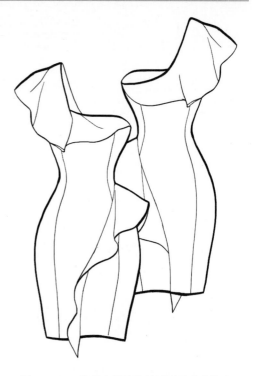

图7-2-30 单肩大领边自然造型垂感小礼服

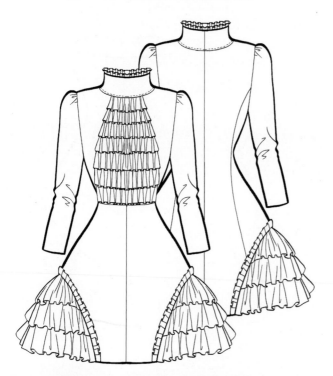

图7-2-31 立领多层抽褶装饰款小礼服

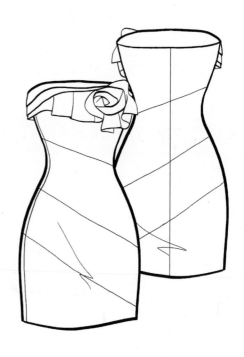

图7-2-32 多层抹胸领口装饰花朵款小礼服

小贴士 小礼服上身部分依然是以突出胸部结构为主，下身多为展开式造型。

小礼服款式图

图7-2-33　结构线镶钻式小礼服

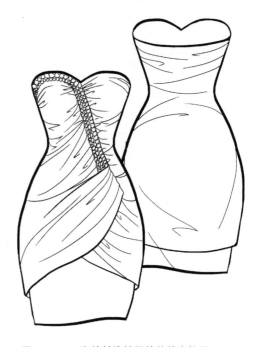

图7-2-34　胸前斜线抽褶镶钻款小礼服

图7-2-35　时尚创意花朵造型款抹胸小礼服

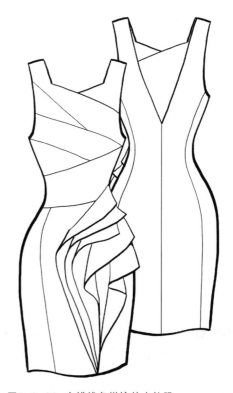

图7-2-36　交错线条拼接款小礼服

 小贴士　在绘制复杂装饰时，要理清结构，找到主线，繁简结合。

小礼服款式图

图7-2-37 花朵饰边层递式抹胸小礼服

图7-2-38 贝壳胸部造型款抹胸小礼服

图7-2-39 多层大木耳边装饰褶纹造型款小礼服

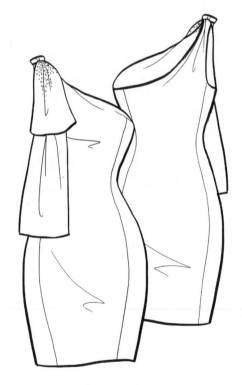

图7-2-40 斜肩公主线收腰款紧身小礼服

 小贴士 礼服设计中，或是以上半身为主而下半身简洁，或是以下半身为主而上身简洁。上下同样强调的方式不可取，绘制款式图时要注意绘制重点。

小礼服款式图

（二）晚礼服

西式晚礼服产生于西方上流社会的社交活动中，是在晚间正式聚会、仪式、典礼等场合穿着的礼仪用服装。长礼服可以呈现出女性的柔美风韵，中式晚礼服高贵典雅、风情万种，中西合璧的时尚新款更是别有一番新颖视觉感受。晚礼服的设计和制作，尽用各类华贵装饰以及夸张造型，力求在相应场合中达到脱颖而出的效果。在绘制晚礼服款式中，长裙的褶纹表现是绘图处理的关键。如何能清晰明了地说明服装结构，又避免累赘繁复，这个"度"的把握需要在了解服装工艺与结构的基础上，懂得相应的取舍（图7-2-41~图7-2-80）。

图7-2-41 褶纹抹胸交叠款时尚创意造型晚礼服

图7-2-42 肩带透明蕾丝装饰款自然流线褶纹晚礼服

晚礼服款式图

图7-2-43 小花饰边一字领花仙子款晚礼服

图7-2-44 抹胸款多层结构晚礼服

晚礼服款式图

图7-2-45 斜肩系带斗篷式晚礼服

图7-2-46 镶珠胸部结构大褶纹造型款晚礼服

小贴士 晚礼服的裙摆部位是绘制中的一个重要方面。

晚礼服款式图

图7-2-47 抹胸款多层流线造型晚礼服

图7-2-48 一字肩型抹胸款蕾丝花朵装饰款晚礼服

晚礼服款式图

图7-2-50　抹胸款创意结构多层叠褶晚礼服

> **小贴士**　晚礼服的设计点是集中在胸部的，
> 绘制中要清晰表达出其结构特色。

图7-2-49　单肩交叉抽褶自然垂感裙摆晚礼服

晚礼服款式图

图7-2-52 抹胸式侧边大波浪造型晚礼服

图7-2-51 不规则木耳边抹胸晚礼服

小贴士 礼服设计中，繁复的花纹以及立体装饰造型较为难于表现，绘制中应尽可能有条理性。

晚礼服款式图

图7-2-53 规则线条结构束腰晚礼服

小贴士 不管服装款式怎样变化，人体基础是不会改变的。

图7-2-54 多层鱼尾裙摆斜肩晚礼服

图7-2-55　多重层叠波浪造型款晚礼服

 表现不同材质和饰品时，要注意虚实表现。

晚礼服款式图

图7-2-57 流线造型对称款晚礼服

图7-2-56 单肩半圆压褶款双层结构晚礼服

小贴士 透明材质使用较细线条表现，并要体现出透明关系。

晚礼服款式图

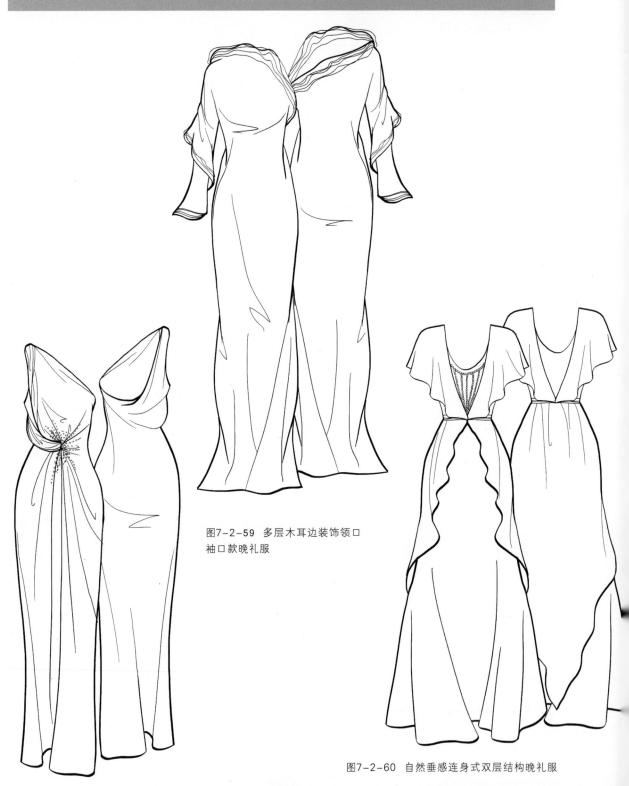

图7-2-59　多层木耳边装饰领口
袖口款晚礼服

图7-2-60　自然垂感连身式双层结构晚礼服

图7-2-58　单肩腰部扭花款镶钻晚礼服

晚礼服款式图

图7-2-61 单肩带款流线高开衩晚礼服　　　　　图7-2-62 大露背款多层木耳裙边装饰晚礼服

小贴士 服装结构的交待在礼服设计中是关键。

晚礼服款式图

图7-2-64　花朵造型款高腰背心式晚礼服

小贴士　大多礼服都会采用柔软面料来体现女性的身材和华美感，绘制中要注意褶纹表现。

图7-2-63　蕾丝边饰层叠创意造型款晚礼服

晚礼服款式图

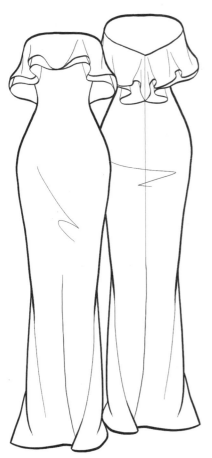

图7-2-65　抹胸式自然垂感大领边紧身款晚礼服

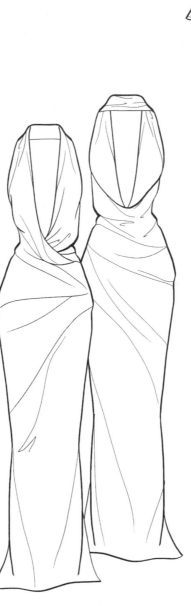

图7-2-66　大露背款掐褶纹理晚礼服

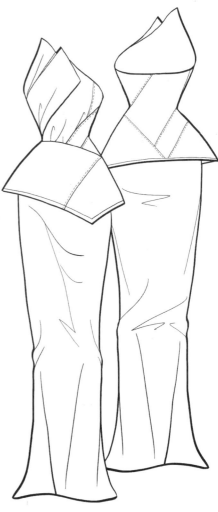

图7-2-67　抹胸款斜向层叠造型上下式晚礼服

晚礼服款式图

图7-2-69　包裹式不规则层叠造型晚礼服

小贴士　蕾丝刺绣图案应尽可能细致化，须绘制出花型特色及相应比例，不可草率表现。

图7-2-68　胸前斜向大木耳边款高开衩晚礼服

晚礼服款式图

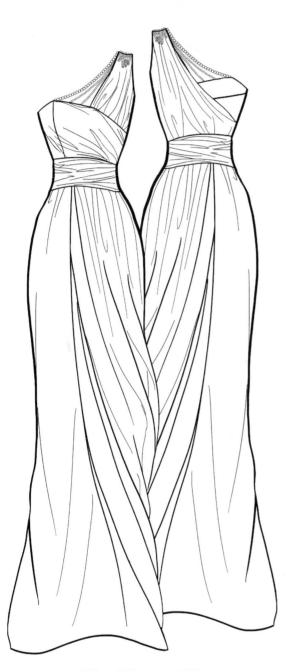

图7-2-70　斜肩珠链款双层褶纹结构晚礼服

　复杂款式或造型要强调出主线，主线清晰才不会落入繁乱无章。

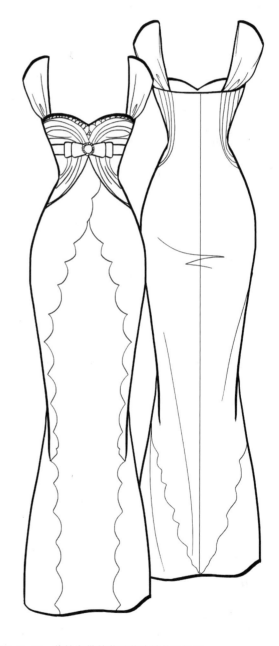

图7-2-71　薄纱肩带款蕾丝花边结构晚礼服

晚礼服款式图

图7-2-72 大花装饰款抹胸宫廷式晚礼服

 小贴士 礼服类服装多采用立体裁剪的方式，故而结构线的变化更为丰富，无拘无束。

晚礼服款式图

图7-2-73　单肩蝴蝶结腰带款晚礼服

小贴士　服装造型褶纹应绘制得有条理，要能够体现出服装块面的转体关系。

图7-2-74　拧花领口款抽褶晚礼服

晚礼服款式图

图7-2-75 露背大珠颈带款交叉叠纹装饰晚礼服

小贴士 抛弃传统，追求个性是礼服设计的要点，细节绘制也要别具匠心。

图7-2-76 多元素装饰式高领晚礼服

晚礼服款式图

图7-2-78 抹胸交叠褶纹款镶珠晚礼服

图7-2-77 颈带款褶纹拼接镶钻晚礼服

小贴士 晚礼服以突出女性性感身材以及优雅气质为主要出发点，比例线条的绘制十分重要。

晚礼服款式图

图7-2-80　单肩流线装饰款侧边创意大波浪造型晚礼服

图7-2-79　自然波浪纹装饰款晚礼服

 晚礼服以突出女性性感身材以及优雅气质为主要出发点，比例线条的绘制十分重要。

（三）婚纱

　　举行婚礼时穿着的服装我们称之为婚礼服。许多民族的婚礼服饰都有着一些世代流传下来的特殊讲究。西洋婚礼服，即新郎穿西装，新娘为裙装。新娘裙装通常为高腰式连衣裙，裙后摆长拖及地，称之为婚纱。婚纱使用的面料多为缎子、棱纹绸等面料。新娘配用手套，手握花束，头戴花冠，花冠附有头纱、面纱（图7-2-81~图7-2-90）。

图7-2-81 多层刺绣叠摆团花婚礼服

小贴士　婚纱设计前胸部分是主要设计点，绘制时要找到重点，精心表现。

图7-2-82 立体褶皱创意造型款婚礼服

小贴士 婚纱设计中的装饰一般都会比较繁琐，要注意前后结构的对接。

婚纱款式图

图7-2-83 典雅百褶纹款婚礼服

小贴士 拖尾式婚纱可在背面图中重点体现。

图7-2-84 绣花淑女婚礼服

图7-2-85　精致绣花百合裙尾婚礼服

小贴士 因婚礼服的繁杂性，绘制时可选择重点部位进行表现，其余部分可就简处理。

婚纱款式图

图7-2-86 立体花形钉珠豪华婚礼服

小贴士 婚礼服的背面设计不可忽视，也是设计亮点，应精心绘制。

婚纱款式图

图7-2-87 中式刺绣创意立体褶纹款婚礼服

小贴士 婚礼服的头饰如在整体设计之列，款式图绘制中也可带出。

婚纱款式图

图7-2-88　圣洁百合造型薄纱婚礼服

小贴士　腰部设计与胸口设计点离得较近，应取其一，不能齐头并进。

婚纱款式图

图7-2-89 立体花瓣款镶钻婚礼服

 整体婚礼服的设计要理出重点和节奏，绘制款式图时有意识的整理出层次。

婚纱款式图

图7-2-90 镶钻装饰立体花形婚礼服

 婚礼服款式图重在表现结构和造型，图案、花纹可以简略方式带出即可。
线条和笔触的干净利落可以使款式图看起来更规范严谨。

第三节 旗袍款式图

一、旗袍款式图绘制要点

旗袍是由满族传统旗服演化而来，并在民国年间逐步西化并发展为国服，在世界范围内流行开来。旗袍具有明显的中国元素，展现了中国文化中内敛而柔和的独有气质，深受人们喜爱，被世界各国人们誉为"唐装"。旗袍的款式变化较少，剪裁要求精准，图案是一大特色。绘制旗袍款式图时，外轮廓线要流畅顺滑，内部装饰细致到扣襻、图案等。

旗袍款式图绘制步骤如图7-3-1~图7-3-6所示。

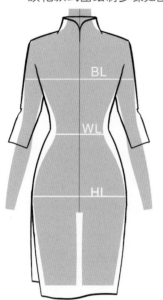

图7-3-1
绘制服装造型及外轮廓

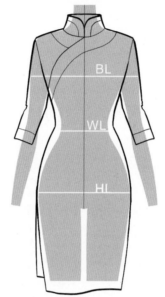

图7-3-2
绘制服装结构线

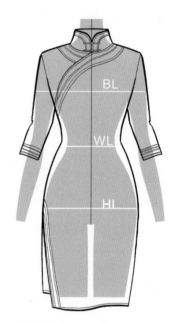

图7-3-3
绘制服装细节及部件

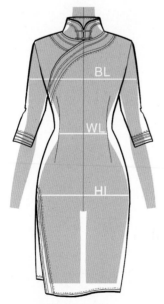

图7-3-4
绘制服装明线，完善细节

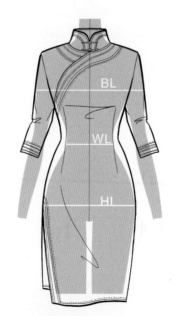

图7-3-5
绘制着装褶纹

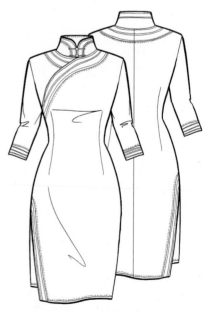

图7-3-6
绘制背面款式图

二、旗袍款式图

旗袍的款式千变万化，简单归纳如下：

领型：一般领、企鹅领、凤仙领、无领、水滴领、竹叶领、马蹄领等。

开襟：斜襟、 中开襟、半圆襟等。

扣型：一字扣、凤尾扣、琵琶扣、蝴蝶扣、单色扣、双色扣等。

袖型：无袖、削肩、短袖、7分袖、8分袖、长袖、小窄袖、喇叭袖、大喇叭袖、马蹄袖、翻折袖等。

摆型：宽摆、直摆、 A字摆、礼服摆、鱼尾摆、前短后长摆、锯齿摆等。

滚边：双滚边、单滚边。

传统旗袍在领型、旗袍长度、袖型、开襟方式和裙摆开衩处理上都有一定规制，要既能展现东方女性的曼妙身姿，又能恰到好处的遮掩，这样若隐若现的勾勒，正是旗袍的魅力所在。现代旗袍已经成为全世界都十分流行的服装款式，深受各国女性的喜爱（图7-3-7~图7-3-36）。

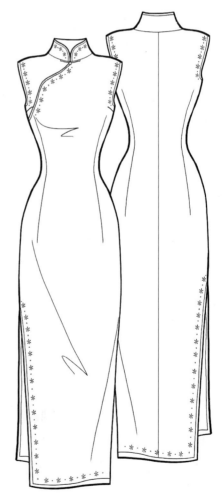

图7-3-7　长袖镶边侧襟高开衩长款旗袍　　　　图7-3-8　碎花镶边式侧襟中开衩长款旗袍

旗袍款式图

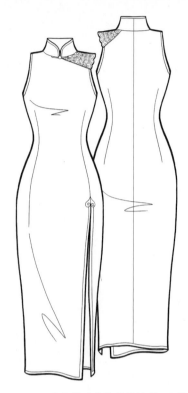

图7-3-9　单肩镶珠装饰款坎袖前开衩长款旗袍

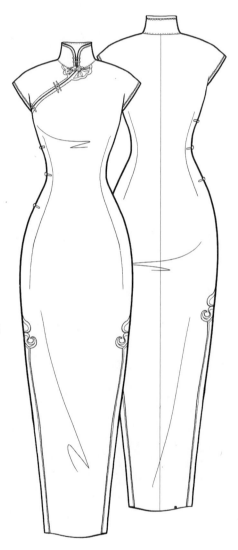

图7-3-11　小檐袖侧襟双开衩紧腰长款旗袍

图7-3-10　半袖双材质全门襟双开衩长款旗袍

小贴士　旗袍的长短、领口的开口位置和深浅度要准确表现。

旗袍款式图

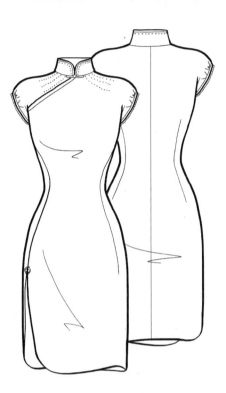

图7-3-12 小袖口抽褶式圆边短款旗袍

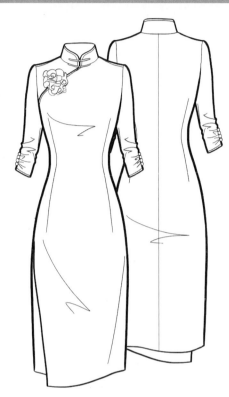

图7-3-13 中袖带花式单开衩侧襟中长款旗袍

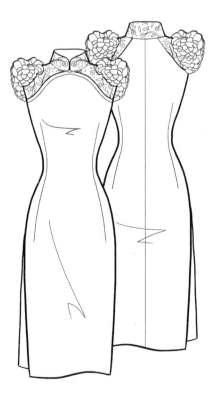

图7-3-14 花瓣饰肩刺绣短款旗袍

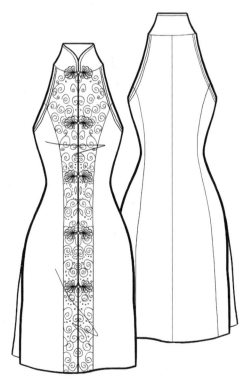

图7-3-15 中开门襟刺绣镶边短款旗袍

旗袍款式图

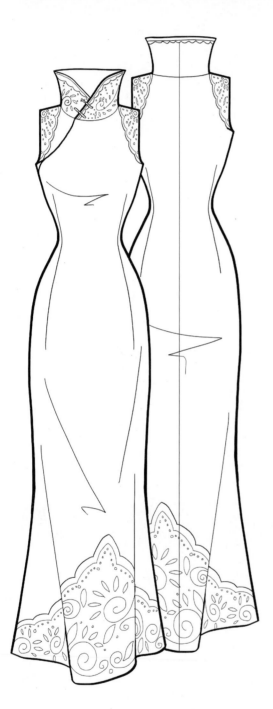

图7-3-16 大立领刺绣饰边长款旗袍

 小贴士 旗袍的开襟方式与普通服饰不同，为了保持前胸部位的完整顺滑感，多采用侧开襟。

图7-3-17 小泡泡袖大裙摆款时尚小旗袍

图7-3-18 肩袖镶边高腰线短款时尚旗袍

旗袍款式图

图7-3-19 薄纱刺绣拼接不规则双层木耳裙边短款时尚旗袍

图7-3-20 小灯笼袖胸前抽褶式自然裙摆短款时尚旗袍

图7-3-21 多元素组合创意大裙摆中长款旗袍

图7-3-22 多材质层叠拼接式短款旗袍

旗袍款式图

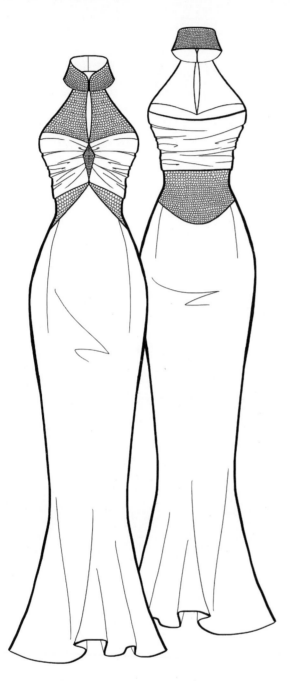

图7-3-23 镶钻露背式长款旗袍

 小贴士 可用着装褶纹带出胸部、臀部及胯部人体结构。

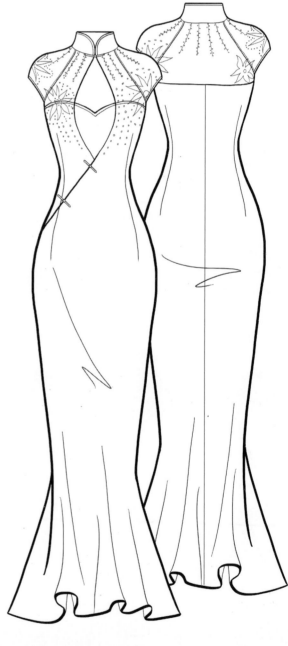

图7-3-24 薄纱刺绣时尚结构长款旗袍

旗袍款式图

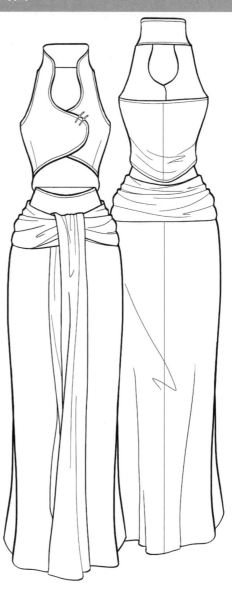

图7-3-26 假两件结构创意曲线门襟长款旗袍

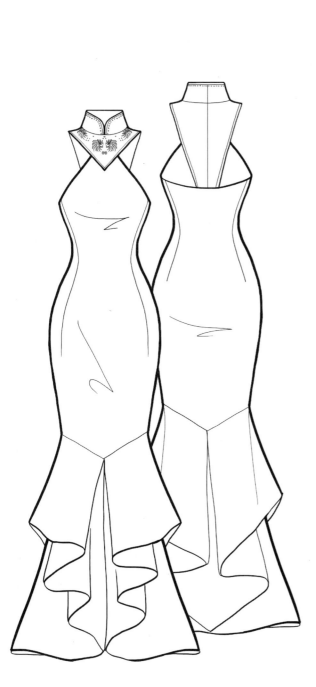

图7-3-25 拼贴领口无肩叠转式裙摆长款旗袍

小贴士 旗袍的领部设计是一个很重要的设计点，绘制时要准确表现。

旗袍款式图

图7-3-27 双材质拼接式中袖短款旗袍

图7-3-28 双材质拼接花边式门襟短款旗袍

图7-3-29 双肌理拼接式小檐袖短款旗袍

图7-3-30 双结构组合式创意领口坎袖短款旗袍

旗袍款式图

图7-3-31 多材质组合式中长款旗袍

图7-3-32 多材质拼接式泡泡袖口中长款旗袍

图7-3-33 多元素组合式创意中长款旗袍

图7-3-34 多结构多材质蕾丝花边创意中长款旗袍

 小贴士 旗袍的衣摆，虽说在设计之末，却也变化很多，绘制中不可忽略。

图7-3-35 木耳饰边A字大裙摆短款时尚旗袍

小贴士 多元素旗袍的重点在于多元素的运用，找到这些设计点并用线条很好的表现出来是我们研究的重点。更多的时候，着装褶纹的绘制也表达出了服装的结构。

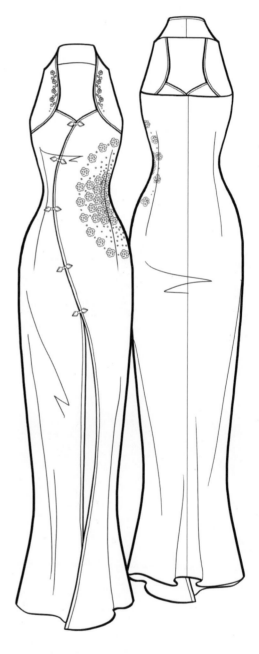

图7-3-36 曲线前门襟镶钻饰花长款旗袍

第八章
内衣、泳装款式图
NEIYIYONGZHUANGKUANSHITU

内衣，是指贴身穿的衣物，包括背心、汗衫、短裤、胸罩等。内衣有吸汗、矫型、衬托身体、保暖及不受来自身体的污秽危害的作用，有时会被视为性征。现代内衣多指女性的文胸或紧身衣。

泳装多指在水中活动时穿着使用的服装。也常用于沙滩派对活动或模特选秀环节。泳装使用的材质多为高弹性，遇水不松懈、不鼓涨的合成面料，无需裁剪分割也可显现出人体曲线。设计中使用一定的裁剪一是为了服装造型需要，二是为了丰富服装的视觉，使服装免得过于呆板和简单。

第一节 内衣款式图

一、内衣款式图绘制要点

内衣的剪裁和花样是绘制重点。内衣的剪裁都是以胸高点为中心点的，通过中心点连接变化出各式曲线，结合饰品和点缀的使用也很常见（图8-1-1）。

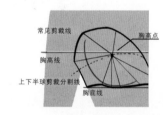

图8-1-1 文胸的设计点示意图

二、文胸的基本剪裁式样

（一）3/4罩杯文胸剪裁样式

3/4罩杯文胸，指的是文胸对乳房的遮盖程度。3/4罩杯文胸是较为保守型文胸款式，但是对女性乳房的承托却是最为舒适的一款（图8-1-2~图8-1-11）。

图8-1-2 基础款式

图8-1-3 横向剪裁

图8-1-4 中月曲线剪裁

图8-1-5 中月剪裁（一）

图8-1-6 中月剪裁（二）

图8-1-7 中月剪裁（三）

图8-1-8 中月剪裁（四）

图8-1-9 侧月剪裁（一）

图8-1-10 侧月剪裁（二）

图8-1-11 多线剪裁

（二）1/2罩杯文胸剪裁样式

1/2罩杯文胸是较为开放型文胸款式，注重底部对女性乳房的承托，尽可能紧收，而托出女人胸部的上半部，在穿着较为暴露型服装并且希望展示傲人胸围时，此款文胸是较为合适的选择（图8-1-12~图8-1-21）。

图8-1-12 基础款式

图8-1-13 横向剪裁

图8-1-14 曲线剪裁

图8-1-15 收线与掐褶并用剪裁

图8-1-16 多线并用剪裁

图8-1-17 中月剪裁

图8-1-18 底部收褶

图8-1-19 上半月剪裁

图8-1-20 下半月剪裁

图8-1-21 侧月剪裁

三、内衣款式图

现代文胸设计已经精致到面料的花纹和肩带的样式，小小一个文胸，设计点也是非常多的，但是可以很好地承托乳房永远是此类服装不变的诉求（图8-1-22~图8-1-81）。

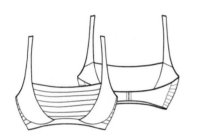
图8-1-22
双材质拼接式半月文胸

图8-1-23
无肩带抹胸

图8-1-24
3/4罩杯花边镶钻文胸

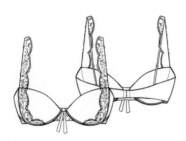
图8-1-25
蕾丝花边肩带文胸

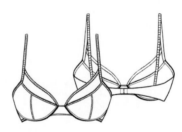
图8-1-26
亮片饰边文胸

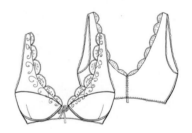
图8-1-27
蕾丝花边背心式文胸

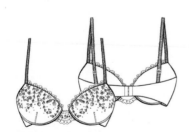
图8-1-28
3/4罩杯花边刺绣款文胸

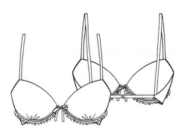
图8-1-29
3/4罩杯木耳底边文胸

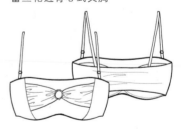
图8-1-30
可拆卸肩带式抹胸

小贴士　内衣款式绘制中，胸部曲线的线条表现十分重要。

内衣款式图

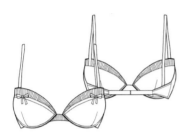

图8-1-31
3/4罩杯双料拼接文胸

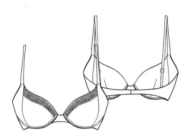

图8-1-32
双重承托剪裁镶钻文胸

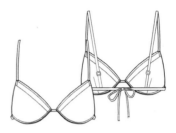

图8-1-33
三角式系带文胸

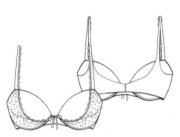

图8-1-34
半托拼接式蕾丝花边镶钻文胸

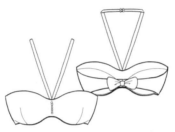

图8-1-35
颈带式抹胸

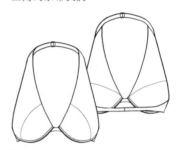

图8-1-36
颈带式双色拼接文胸

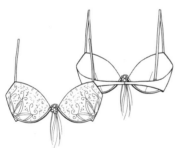

图8-1-37
3/4罩杯全蕾丝刺绣文胸

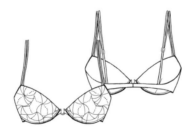

图8-1-38
1/2罩杯刺绣镶珠式文胸

图8-1-39
后系带式抹胸

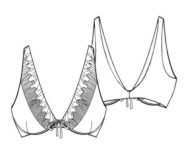

图8-1-40
背心款木耳边文胸

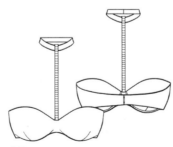

图8-1-41
时尚颈带式半月抹胸

图8-1-42
镶钻饰边式文胸

小贴士 不同款式的内衣，要注意结构表现。

内衣款式图

图8-1-43
双重承托立体剪裁文胸

图8-1-44
蝴蝶结装饰式抹胸

图8-1-45
立体剪裁拼接式文胸

图8-1-46
无剪裁压型式文胸

图8-1-47
半月剪裁式木耳饰边文胸

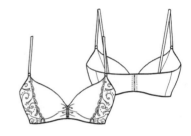

图8-1-48
侧边剪裁式蕾丝装饰文胸

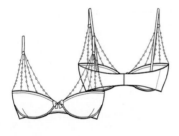

图8-1-49
1/2罩杯珠链装饰文胸

图8-1-50
创意抽褶式文胸

图8-1-51
前交叉式抹胸

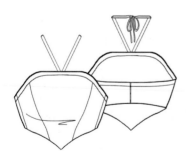

图8-1-52
创意肚兜式文胸

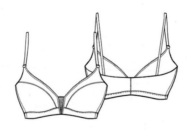

图8-1-53
立体剪裁拼接式运动文胸

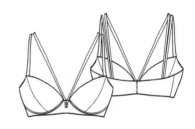

图8-1-54
双肩带式半月剪裁文胸

 小贴士 内衣绘制更多的在表现裁剪方式上。

内衣款式图

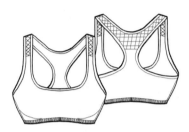

图8-1-55
背心款运动文胸

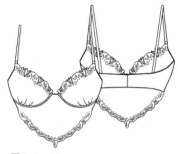

图8-1-56
创意肚兜式花边文胸

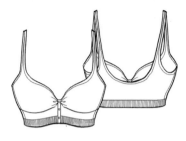

图8-1-57
背心款螺纹底边运动文胸

图8-1-58
半月剪裁拼接式运动文胸

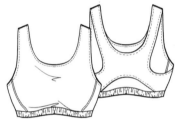

图8-1-59
背心款内插片式运动文胸

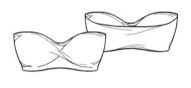

图8-1-60
前拧肌理式抹胸

图8-1-61
珠宝饰面文胸

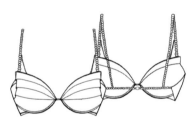

图8-1-62
创意造型款文胸

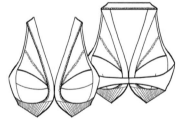

图8-1-63
颈带式创意文胸

图8-1-64
多骨撑款塑身内衣

图8-1-65
花形创意款文胸

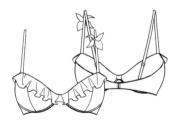

图8-1-66
1/2罩杯波形饰边文胸

 饰品的应用也是款式变化的一大特色。

内衣款式图

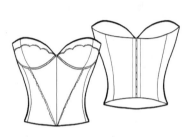

图8-1-67
骨撑款塑身无肩带文胸

图8-1-68
骨撑款花边塑身文胸

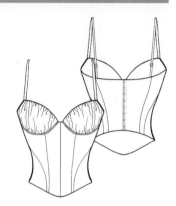

图8-1-69
骨撑款抽褶肌理塑身内衣

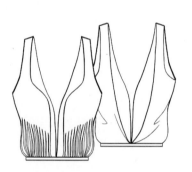

图8-1-70
时尚剪裁款内衣

图8-1-71
斜裁下摆式内衣

图8-1-72
背心式松紧下摆内衣

图8-1-73
骨撑创意造型款塑身衣

图8-1-74
骨撑款双承托背心式可调挂钩塑身衣

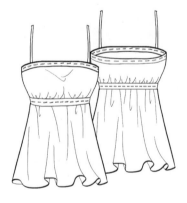

图8-1-75
吊带款半身睡裙

 小贴士　内衣多由柔软面料制成，绘制中可借助着装褶纹的表现。

图8-1-76 宽松裙摆款内衣

图8-1-77 二分之一罩杯款半身睡裙

图8-1-78 飘逸裙摆款内衣

图8-1-79 中长款睡裙

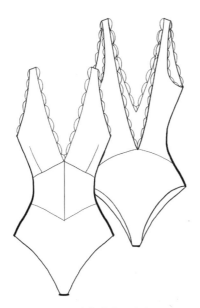

图8-1-80 连体式背心内衣

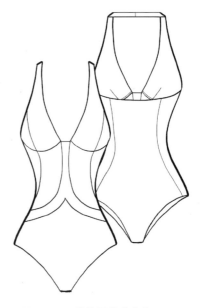

图8-1-81 连体颈带式内衣

第二节 泳装款式图

一、泳装款式图绘制要点

泳装在裁剪方式上分为连体式和分体式，在穿着应用上分为专业用泳装和休闲泳装。休闲泳装用于沙滩度假、温泉等。由于使用目的不同，不同类别泳装在设计和裁剪上也有很大区别。

泳装款式图绘制步骤如图8-2-1~图8-2-6所示。

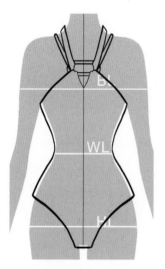

图8-2-1
绘制服装外轮廓

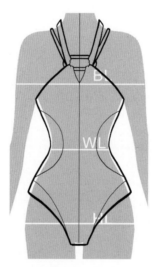

图8-2-2
绘制服装结构线及分割线

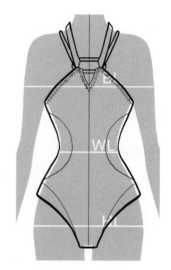

图8-2-3
绘制服装装饰物等

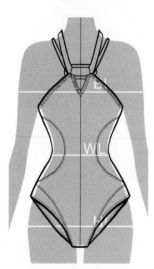

图8-2-4
绘制服装明线、省位线

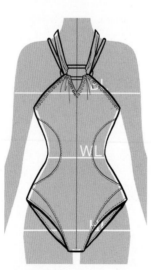

图8-2-5
绘制着装褶纹

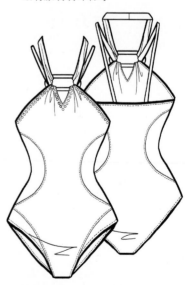

图8-2-6
绘制服装背面款式图

二、泳装款式图

泳装可以分为专业竞赛款式和日常休闲款式两个类别。这两类服装的使用目的是不同的，所以表现出来的形式也有很大差别。

分体式泳装为日常休闲款式，以展现身材为宗旨，深受身材姣好女性的喜爱。人们多选择此类服装用于休闲度假，所以款式绚丽、色彩缤纷，整体设计调性是十分轻松愉快（图8-2-7~图8-2-36）。连体式泳装为大多游泳爱好者所喜爱，它可以很好地避免不慎露点或者出现意外，是比较安全型的泳装款式，穿着者可以消除"安全"顾虑，而将注意力集中到运动中去。连体式泳装可以出现在人们的生活中也可以出现在赛场上。其裁剪也可以十分性感与大胆，花色拼接等也是经常使用的手法（图8-2-37~图8-2-66）。

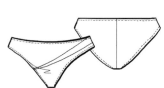
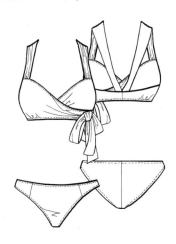
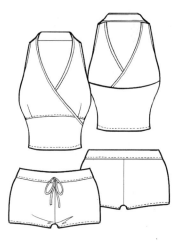

图8-2-7 单肩款分体休闲泳衣　　图8-2-8 蝴蝶结款宽肩带分体　　图8-2-9 颈带式收身款分体休闲泳衣
　　　　　　　　　　　　　　　　　　休闲泳衣

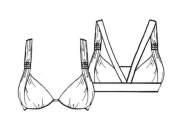
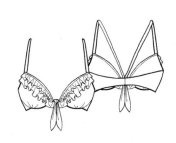

图8-2-10 比基尼款三件套分　　图8-2-11 时尚褶纹肌理款分体休　　图8-2-12 胸前系带式木耳边分体
体休闲泳衣　　　　　　　　　闲泳衣　　　　　　　　　　　　休闲泳衣

分体泳装款式图

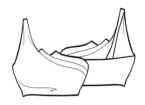

图8-2-13 颈部细带式胸前拧花
分体休闲泳衣

图8-2-14 无肩带抹胸式分体
休闲泳衣

图8-2-15 单肩款拼色分体
休闲泳衣

图8-2-16 底部抽褶式分体休闲泳衣

图8-2-17 颈带抹胸式分体休闲泳衣

图8-2-18 胸前拧花单肩带分
体休闲泳衣

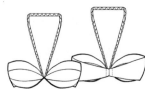

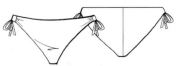
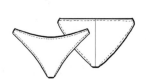

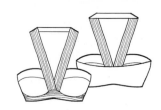
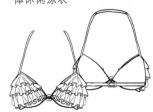

图8-2-19 胸前拧花式背心款分
体休闲泳衣

图8-2-20 宽带绕颈款分体
休闲泳衣

图8-2-21 多层抽褶装饰比基
尼款分体休闲泳衣

小贴士　分体式泳装绘制中，要注意前后款式的变化和衔接。

分体泳装款式图

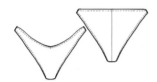

图8-2-22 高领款分体休闲泳衣

图8-2-23 夏季款分体休闲泳衣

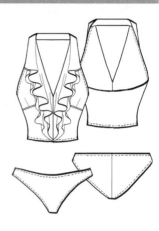

图8-2-24 绕颈款大花边领口
半身式分体休闲泳衣

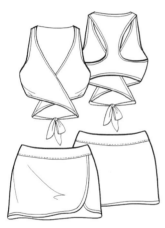

图8-2-25 背部系带式背心款分
体休闲泳衣

图8-2-26 颈带款胸前装饰分
体休闲泳衣

图8-2-27 颈带款时尚装饰
分体休闲泳衣

图8-2-28 绕颈款侧边抽褶式
分体休闲泳衣

图8-2-29 颈部系带款分体休闲泳衣

图8-2-30 斜裁裙式背心款分
体休闲泳衣

小贴士　服装褶纹主要集中在裁剪方式上。

图8-2-31 多层褶纹款裙式分体
休闲泳衣

图8-2-32 大荷叶边抽褶款颈
带式分体休闲泳衣

图8-2-33 绕颈款镶钻裙式
分体休闲泳衣

图8-2-34 木耳底边款裙式分
体休闲泳衣

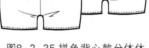

图8-2-35 拼色背心款分体休
闲泳衣

图8-2-36 3/4罩杯分体休闲泳衣

小贴士 准确的绘制为制作提供重要的参考和依据，不可马虎。

连体泳装款式图

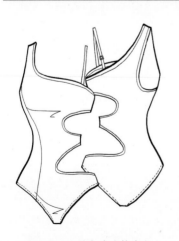

图8-2-37 单肩式连体泳衣

图8-2-38 深V高背式连体泳衣

图8-2-39 荷叶边装饰连体泳衣

图8-2-40 交叉系带式连体泳衣

图8-2-41 中体连接式连体泳衣

图8-2-42 抽褶肌理款连体泳衣

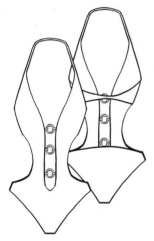

图8-2-43 深V领时尚装饰款连体泳衣

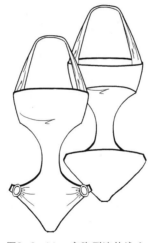

图8-2-44 一字胸型连体泳衣

图8-2-45 流线单肩连体泳衣

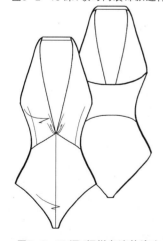

图8-2-46 深V领拼色连体泳衣

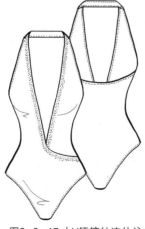

图8-2-47 大V领镶钻连体泳衣

图8-2-48 颈带款连体泳衣

小贴士　连体泳装的结构表现要清晰明了。

连体泳装款式图

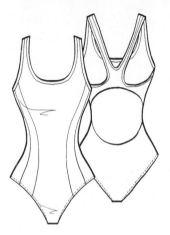

图8-2-49 拼色背心款连体泳衣

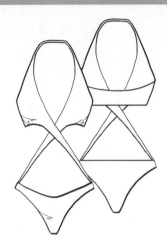

图8-2-50 交叉式连体泳衣

图8-2-51 后背交叉式连体泳衣

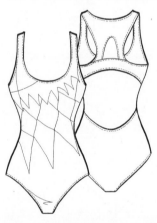

图8-2-52 印花背心款连体泳衣

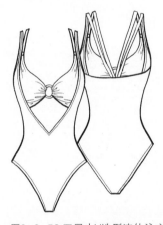

图8-2-53 双层大V造型连体泳衣

图8-2-54 立体剪裁款拼色连体泳衣

图8-2-55 创意无肩带连体泳衣

图8-2-56 抹胸时尚款连体泳衣

图8-2-57 抽褶式背心款连体泳衣

小贴士 注意前后款式图的结构衔接。

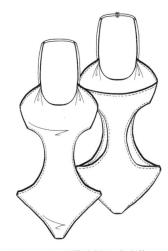

图8-2-58 颈带款侧露式连体
休闲泳衣

图8-2-59 高领胸前交叉式连体泳衣

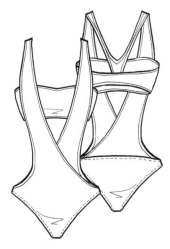

图8-2-60 双层时尚抹胸款连体泳衣

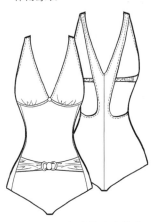

图8-2-61 低背带式连体休闲泳衣

图8-2-62 V型露肚式连体泳衣

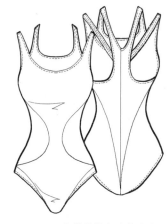

图8-2-63 双肩带款拼色连体泳衣

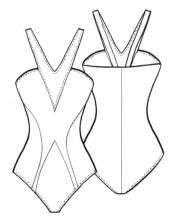

图8-2-64 双色拼接款连体泳衣

图8-2-65 褶纹肌理款连体泳衣

图8-2-66 双面料款连体休闲泳衣

小贴士　连体泳装的设计点依然集中在胸部表现上。

　　专业竞技类泳装在制作和面料选择上要求很高，面料需要具备高弹力性能，以使运动员穿着时，身体处于紧张状态，肌肉紧实。同时具有高度塑形作用，可以使运动员在水中更大程度地减少阻力。在面料选择上以鲨鱼皮材质为高端产品（图8-2-67~图8-2-86）。

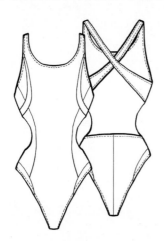

图8-2-67 交叉背带款泳装

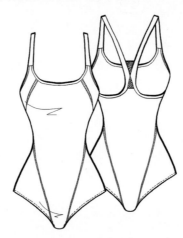

图8-2-68 吊带款双料拼接泳装

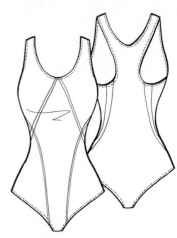

图8-2-69 背心款线条装饰泳装

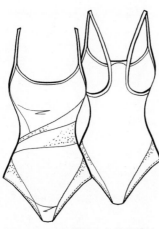

图8-2-70 吊带款多色拼接镶钻
演出用泳装

图8-2-71 背心款多色流线印花泳装

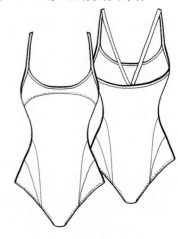

图8-2-72 吊带款流线装饰泳装

图8-2-73 双面料拼接款泳装

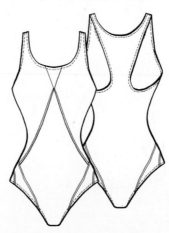

图8-2-74 背心款流线印花泳装

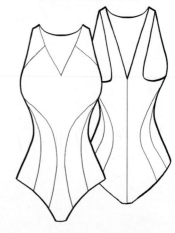

图8-2-75 V型背带式流线装饰泳装

专业竞技类泳装款式图

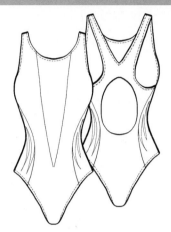

图8-2-76 线性多色印花泳装

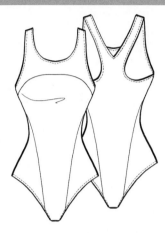

图8-2-77 背心款立体剪裁泳装

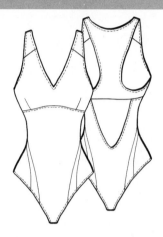

图8-2-78 中腰剪裁款泳装

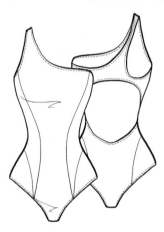

图8-2-79 单肩式露背款拼色泳装

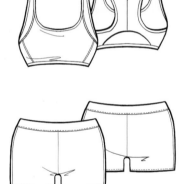

图8-2-80 背心款分体式专业潜水泳装

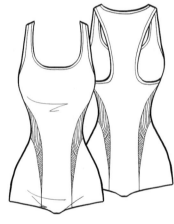

图8-2-81 平角背心款双料拼接泳装

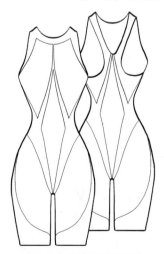

图8-2-82 无袖款时尚流线型潜水服

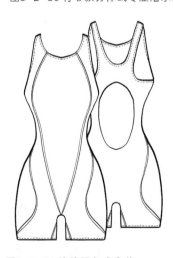

图8-2-83 流线平角式泳装

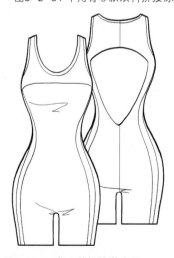

图8-2-84 背心款短裤潜水服

专业竞技类泳装款式图

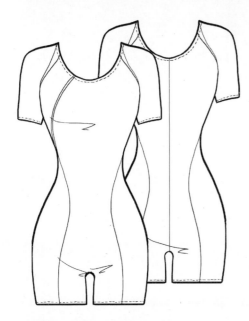

图8-2-85 半袖流线装饰条式潜水服

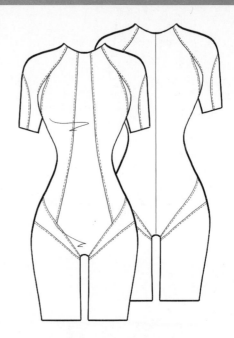

图8-2-86 半袖平角式立体剪裁拼接潜水服

小贴士 内在人体的体现是泳装的基础。裁剪方式是泳装款式变化的一个主要手法。
专业竞赛用泳装结构设计无累赘、无配饰。

第九章
童装款式图
TONGZHUANGKUANSHITU

儿童时期是指从出生到17岁左右这一年龄阶段，一般可将这段时期归纳为五个阶段：婴儿（0~1岁）、幼儿（1~3岁）、小童（4~6岁）、中童（7~12岁）、大童（13~17岁）。童装即儿童服装，按照儿童的不同生长阶段可分为婴儿服装、幼儿服装、学龄儿童服装及少年儿童服装等各年龄阶段儿童的着装。由于儿童的特点，童装设计强调装饰性、安全性和功能性。婴儿服装分为分体衣、连体哈衣，贴身穿着衣物不能有钮扣之类硬体物品，大多用绳带代替，装饰品也均以软质布料制作，面料要求采用纯棉透气材质，少印染，不可穿着紧身衣，要有一定的宽松度，并穿脱方便。到了幼儿期，服装要求不似婴儿期服饰要求颇多，可少量添加些安全的饰品，钮扣之类硬件还是要避免，以免发生婴幼儿吞咽配件的事故。到了儿童期，服饰设计上与成人已经非常接近，但要注意设计的侧重点是体现孩子的童趣、天真，而非成人世界的身材展示，应避免紧身衣及过多繁琐硬质装饰品，优质安全的面料是童装中不变的硬性指标。

第一节 婴儿服装款式图

一、婴儿服装款式图绘制要点

婴儿服装整体造型简洁宽松，便于穿脱，以无领为宜，钮扣类硬物尽可能不使用，不宜使用松紧带，整体设计要平整光滑。婴儿装品类一般有罩衣、哈衣（连身衣）、组合套装、披肩、斗篷、背心等。其中的哈衣，又称连身衣、连体衣、爬服，是现代婴儿期的主要服装款式。

婴儿期的哈衣款式较为固定，可以适当添加软布类装饰。裁剪分割要尽可能简单，绘制时应注意把握这些特征。

婴儿哈衣款式图绘制步骤如图9-1-1~图9-1-6所示。

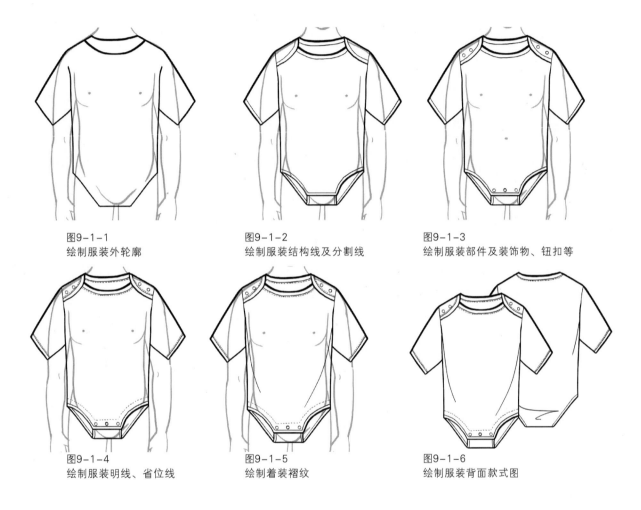

图9-1-1
绘制服装外轮廓

图9-1-2
绘制服装结构线及分割线

图9-1-3
绘制服装部件及装饰物、钮扣等

图9-1-4
绘制服装明线、省位线

图9-1-5
绘制着装褶纹

图9-1-6
绘制服装背面款式图

二、婴儿哈衣款式图

婴幼儿时期宝宝的服装主要是以哈衣为主，穿着时期从宝宝出生的时候开始，一直到他们可以自由跑跳。款式有包臀式、蝴蝶式等内衣款式以及外出服等。婴幼儿是一个特殊的时期，此时期孩子多数还在使用尿不湿，并且主要是以卧床或爬行为主，服装的要求和设计当然也要与长大后的服装有所不同。

（一）包臀式哈衣

顾名思义，就是可以包住臀部的连体式婴儿服饰。可以为长袖，也可以为为短袖，很多人也叫做"爬行服"。这样的款式适合婴儿爬行活动，又不必担心会露出小肚子而使宝宝受寒，宝宝的纸尿裤包覆在服装的臀包内，看起来十分整洁干净，而且其底部均为开合扣结构，方便穿脱以及更换尿不湿，深为妈妈喜欢（图9-1-7~图9-1-24）。

包臀式哈衣款式图

图9-1-7 女童小圆领镶边款包臀式哈衣

图9-1-8 婴幼儿假两件款包臀式哈衣

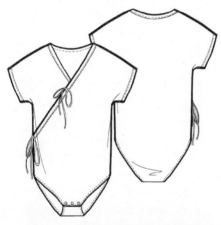

图9-1-9 婴幼儿汉服系带款包臀式哈衣

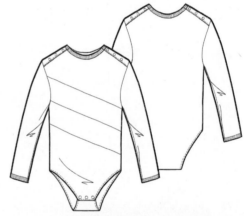

图9-1-10 男童肩扣拼色款包臀式哈衣

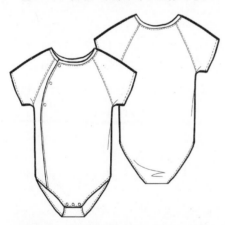

图9-1-11 婴幼儿侧开门款包臀式哈衣

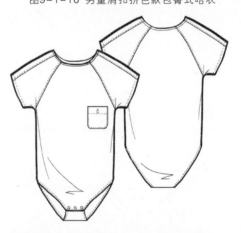

图9-1-12 男童双色拼接款包臀式哈衣

小贴士 由于婴儿期的宝宝大部分时间是躺在床上或是坐在车里,故款式多以简洁方便为主,结构上要方便穿脱及更换尿布。

包臀式哈衣款式图

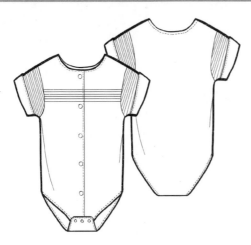

图9-1-13 男童前开系扣款包臀式哈衣

图9-1-14 女童飞袖小裙款包臀式哈衣

图9-1-15 女童无袖多层木耳边款包臀式哈衣

图9-1-16 女童小裙子款包臀式哈衣

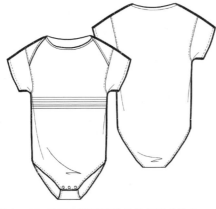

图9-1-17 男童中腰装饰简洁款包臀式哈衣

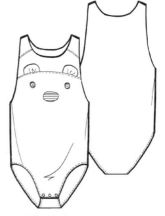

图9-1-18 婴幼儿卡通小熊造型款包臀式哈衣

小贴士　包臀式哈衣绘制中，注意结构设计要尽可能简单，背部一般无装饰或剪裁线。

包臀式哈衣款式图

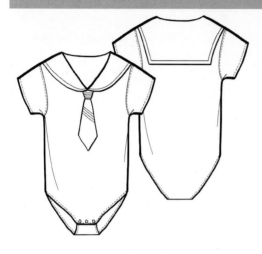

图9-1-19 男童半袖海军衫款包臀式哈衣

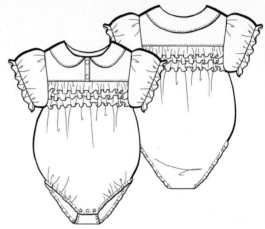

图9-1-20 女童泡泡袖多层木耳边款包臀式哈衣

图9-1-21 女童中腰抽褶大PP款包臀式哈衣

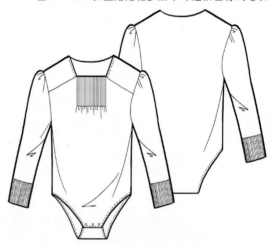

图9-1-22 女童领口压褶款包臀式哈衣

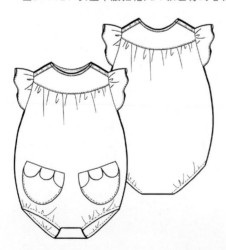

图9-1-23 女童飞袖肩扣泡泡款包臀式哈衣

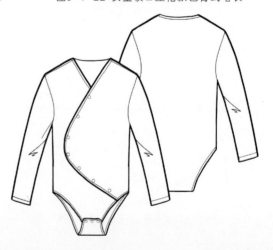

图9-1-24 婴幼儿胸前流线开门暗扣款包臀式哈衣

（二）蝴蝶式哈衣

　　蝴蝶式婴儿哈衣是左右搭襟式连体婴儿服，衣襟以系带式为主，腿部有少许暗扣以防宝宝乱动而使服装散开，因其穿脱十分方便，不需套头，在宝宝还不会自己坐起来，不会爬行之前，蝴蝶衣是一款非常实用的服装（图9-1-25~图9-1-30）。

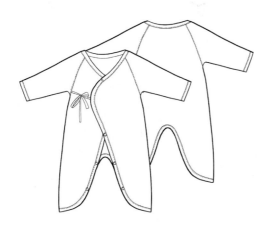

图9-1-25 婴幼儿流线门襟系带+暗扣款蝴蝶衣

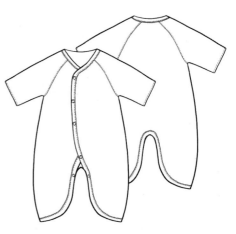

图9-1-26 婴幼儿前中门襟暗扣款蝴蝶衣

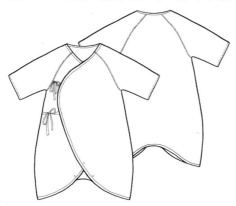

图9-1-27 婴幼儿流线门襟系带款蝴蝶衣

图9-1-28 婴幼儿前中门襟系带+暗扣款蝴蝶衣

图9-1-29 婴幼儿斜门襟暗扣款蝴蝶衣

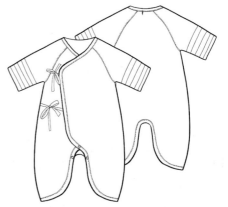

图9-1-30 婴幼儿拼色袖口系带款蝴蝶衣

　　小贴士　宝宝蝴蝶衣为小宝贝的家常穿着，结构便于穿脱和更换尿布。

（三）常服式哈衣

常服式哈衣可以理解为宝宝连体式外出服。外出时宝宝有时是需要全身着装的，所以常服式哈衣是有裤装的，夏季也会给女宝设计连体裙装。此类服装除了要注意穿脱、更换尿布方便外，也会兼顾美观性，使宝宝穿起来更加可爱漂亮（图9-1-31~图9-1-58）。

图9-1-31 婴幼儿中开门款卡通贴袋常服哈衣

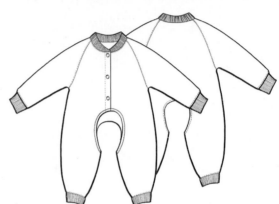

图9-1-32 婴幼儿螺纹口开裆款常服哈衣

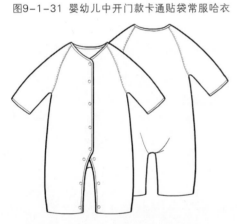

图9-1-33 婴幼儿中开门襟暗扣款常服哈衣

图9-1-34 婴幼儿流线型门襟暗扣款常服哈衣

图9-1-35 女童宽肩带款常服哈衣

图9-1-36 婴幼儿肩扣卡通猫造型常服哈衣

小贴士 婴儿期服装的领口较大，因婴儿头身比例的关系，要注意穿脱结构方便合理。

常服式哈衣款式图

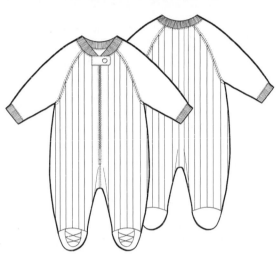

图9-1-37 婴幼儿双料拼接中门拉链款常服哈衣

图9-1-39 婴幼儿大兜兜连帽款常服哈衣

图9-1-38 婴幼儿卡通熊连帽款常服哈衣

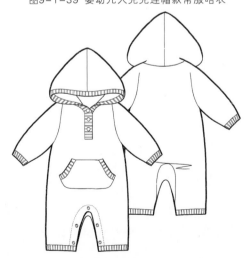

图9-1-41 婴幼儿连帽螺纹边常服哈衣

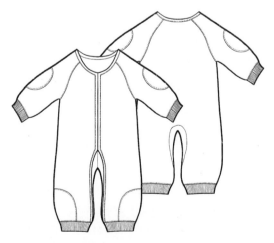

图9-1-40 婴幼儿假两件休闲服款常服哈衣

图9-1-42 婴幼儿中开贴布常服哈衣

常服式哈衣款式图

图9-1-43 英伦小翻领婴儿哈衣

图9-1-44 假两件泡泡袖婴儿哈衣

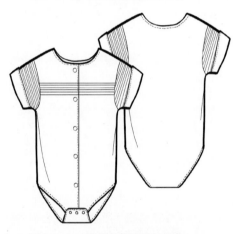

图9-1-45 彩条装饰款婴儿哈衣

图9-1-46 女童假两件小飞袖婴儿哈衣

图9-1-47 假套装款婴儿连体哈衣

图9-1-48 假套装背带款连体哈衣

小贴士 宝宝装的绘制一般少用着装褶纹。

常服式哈衣款式图

图9-1-49 男童中开门螺纹口常服哈衣　　　　图9-1-50 婴幼儿中开门襟飘带款常服哈衣

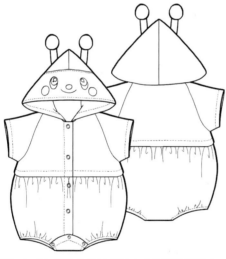

图9-1-51 婴幼儿半袖卡通虫虫造型常服哈衣　　　图9-1-52 婴幼儿双料拼接款常服哈衣

图9-1-53 女童斜开门襟螺纹领口常服哈衣　　　图9-1-54 女童泡泡袖抽褶装饰款常服哈衣

小贴士　婴儿各类服装应以整体式少裁剪为主。

常服式哈衣款式图

图9-1-55 婴幼儿侧开门襟暗扣款常服哈衣

图9-1-56 婴幼儿半袖海军衫款常服哈衣

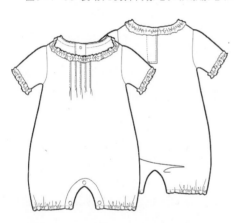

图9-1-57 女童抽褶饰边款常服哈衣

图9-1-58 婴幼儿肩扣背心款常服哈衣

小贴士 婴幼儿哈衣在结构上不应过于复杂，特别是背部不应有硬物及装饰品。

（四）冬款外出服

婴儿冬款外出服一般是指较厚款式的连体衣，有时连宝宝的脚也一并包裹其内，也有很多连帽款式。即然是外出服，防风保暖是必须的，所以棉服款式和羽绒服款式十分常见（图9-1-59~图9-1-68）。

婴儿冬款外出服款式图

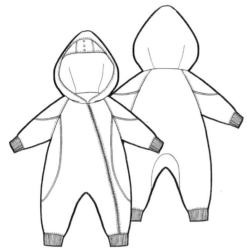

图9-1-59 婴幼儿戴帽式斜开拉链外出服

图9-1-60 婴幼儿卡通大贴袋外出棉服

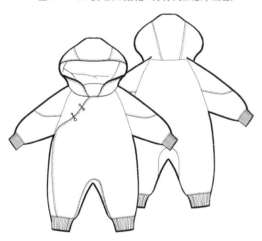

图9-1-61 婴幼儿中式系扣拼色款保暖外出棉服

图9-1-62 婴幼儿卡通兔造型防风保暖外出棉服

图9-1-63 婴幼儿卡通小熊造型多色
拼布款外出服

图9-1-64 婴幼儿绗缝款外出棉服

婴儿冬款外出服款式图

图9-1-65 婴幼儿包脚卡通兔兔款棉服

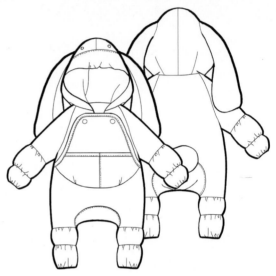

图9-1-66 婴幼儿包脚卡通兔造型羽绒服

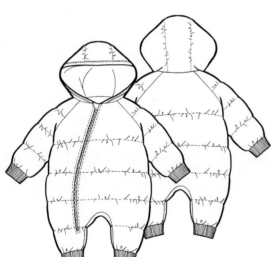

图9-1-67 婴幼儿侧开门襟外出羽绒服

图9-1-68 婴幼儿卡通熊款松紧腿外出服

小贴士 宝宝棉服的空气感是表现重点，且服装需要呈现出一定的宽松感。

第二节 儿童常服、裤装款式图

一、儿童常服、裤装款式图绘制要点

儿童常服，也就是儿童期日常穿着的服饰。儿童的服装虽然在款式上可以与成人相近，但是款式和风格是十分不同的。儿童的服装设计中都会尽可能烘托出孩子的纯真可爱，卡通图形和美好的小花形经常会用到，但是小物件的装饰物是一定要避免的，以防止饰物脱落而被儿童吞食，或划伤宝宝娇嫩的肌肤。

儿童常服款式图绘制步骤如图9-2-1~图9-2-6所示。

图9-2-1
绘制服装外轮廓

图9-2-2
绘制服装结构线及分割线

图9-2-3
绘制服装部件及装饰物、纽扣等

图9-2-4
绘制服装明线、省位线

图9-2-5
绘制着装褶纹

图9-2-6
绘制服装背面款式图

（一）儿童坎袖上衣

儿童坎袖款式的上衣为夏季主要服饰，但是服装款式要尽可能宽松，袖窿部分也要大些，适合孩子活动（图9-2-7~图9-2-18）。

儿童砍袖上衣款式图

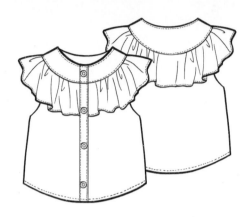

图9-2-7 女童荷叶造型款坎袖上衣

图9-2-8 女童中线压褶饰边坎袖上衣

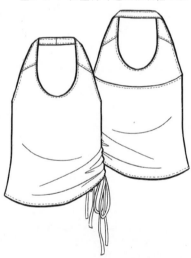

图9-2-9 女童颈带款侧抽边无袖上衣

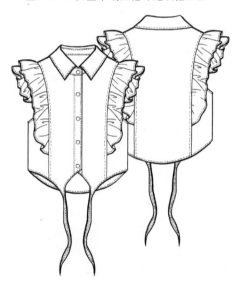

图9-2-10 女童衬衫款荷叶边无袖上衣

图9-2-11 女童抽褶饰边款坎袖上衣

图9-2-12 女童镶钻衬衫款坎袖上衣

儿童砍袖上衣款式图

图9-2-13 女童蝴蝶结背心款坎袖上衣

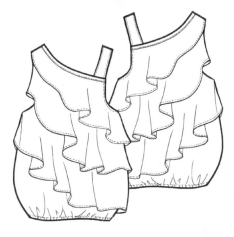

图9-2-14 女童非对称斜裁款坎袖上衣

图9-2-15 女童背部打结背心款坎袖上衣

图9-2-16 女童飞边抽褶装饰款坎袖上衣

图9-2-17 女童大荷叶饰边坎袖上衣

图9-2-18 女童裙摆式坎袖上衣

小贴士 婴儿各类服装应以整体式少裁剪为主。

（二）儿童半袖上衣

儿童半袖上衣中，袖子的造型成为一个设计点。儿童服装是尽可能不加物件装饰的，所以在衣襟、衣摆、领口和袖子的设计中，会有更多的发挥空间（图9-2-19~图9-2-30）。

图9-2-19 女童小泡泡半袖上衣

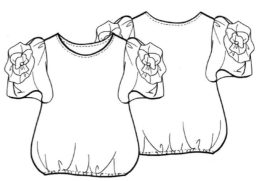

图9-2-20 女童花型半袖上衣

图9-2-21 女童露肩款半袖上衣

图9-2-22 女童荷叶底边半袖上衣

图9-2-23 女童泡泡飞袖多层底边半袖上衣

图9-2-24 女童抽褶饰边半袖上衣

小贴士 儿童头部比例较大，套头式服装多会设置一些结构来增大套头的开口。

儿童半袖上衣款式图

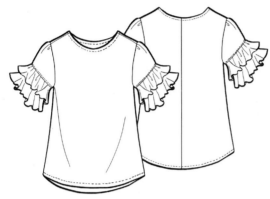

图9-2-25 女童双层荷叶边袖口半袖上衣

图9-2-26 女童露肩泡泡半袖上衣

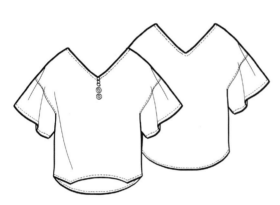

图9-2-27 女童宽松款半袖上衣

图9-2-28 女童高领运动款半袖上衣

图9-2-29 女童简洁系带款半袖上衣

图9-2-30 女童大荷叶袖口半袖上衣

小贴士 要注意体现出儿童体型特点。

（三）儿童长袖上衣

儿童长袖上衣主要用于春秋季节穿着。孩子的长袖服装形式也是十分多样的，比如卫衣、长袖连衣裙、小衬衫等。在绘制时不必像成人服装那样需要绘制肘部褶纹与结构，简单带出即可（图9-2-31~图9-2-42）。

图9-2-31 女童荷叶饰边休闲款长袖上衣

图9-2-32 女童纱网双层镶钻长袖上衣

图9-2-33 儿童肩袖卡通款长袖上衣

图9-2-34 女童荷叶饰边长袖上衣

图9-2-35 女童灯笼袖款长袖上衣

图9-2-36 女童蝙蝠袖款长袖上衣

儿童长袖上衣款式图

图9-2-37 女童荷叶饰边衬衫款长袖上衣

图9-2-38 女童泡泡袖款花边长袖上衣

图9-2-39 女童小圆领木耳饰边长袖上衣

图9-2-40 儿童宽松休闲款长袖上衣

图9-2-41 女童立领衬衫款双料拼接长袖上衣

图9-2-42 女童压褶款带花长袖上衣

小贴士　儿童服装的结构不宜过于复杂，且要便于穿脱。

（四）儿童短裤

　　儿童的短裤多为宽松款式，一般不会有紧身裤，因为这样的服装并不适合儿童穿着。儿童短裤除了考虑到宽松的实用性，美观性也非常重要，造型上也可以尽情发挥，以显出儿童的稚嫩可爱（图9-2-43~图9-2-54）。

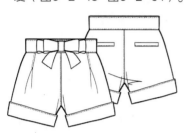

图9-2-43
女童蝴蝶结款翻边短裤

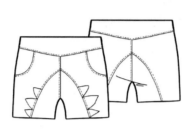

图9-2-44
男童夸张造型款短裤

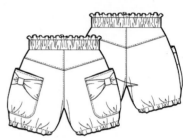

图9-2-45
女童灯笼抽边款蝴蝶结短裤

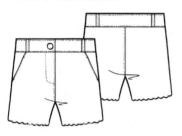

图9-2-46
女童波浪边休闲短裤

图9-2-47
女童收边款休闲短裤

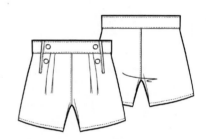

图9-2-48
女童前压褶款休闲短裤

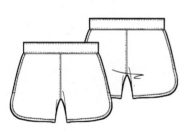

图9-2-49
女童圆边沙滩运动款休闲短裤

图9-2-50
女童花边款蝴蝶结休闲短裤

图9-2-51
女童假两件花边款短裤

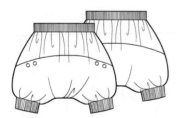

图9-2-52
儿童卡通大PP款短裤

图9-2-53
女童贴花款牛仔短裤

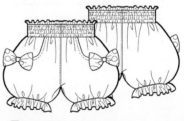

图9-2-54
女童百褶灯笼款短裤

 小贴士　童装裤子以松紧形式固定，腰带仅为装饰做用。

（五）儿童长裤

　　儿童的长裤不像成人裤装那样以体现形体为主，而是使用或多或少的装饰或裁剪，让孩子看起来更可爱。腰部仍然主要是松紧结构，这一点与短裤是相同的（图9-2-55~图9-2-66）。

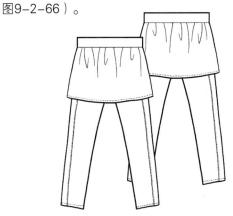

图9-2-55 女童直裙款假两件长裤

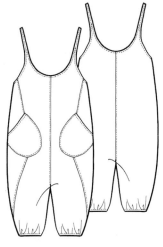

图9-2-56 儿童休闲背带款长裤

图9-2-57 儿童牛仔背带长裤

图9-2-58 女童宽松款长裤

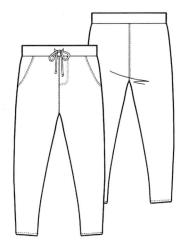

图9-2-59 女童简洁运动款长裤

图9-2-60 女童创意门襟蝴蝶结款长裤

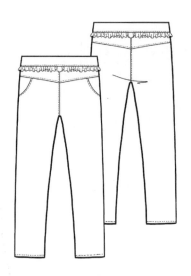

图9-2-61 女童中腰木耳边长裤　　　　图9-2-62 儿童拼接绗缝款休闲长裤

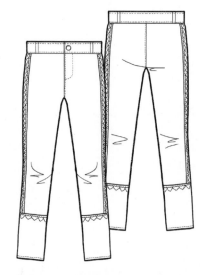

图9-2-63 女童蓬蓬裙款假两件长裤　　　图9-2-64 女童蕾丝花边长裤

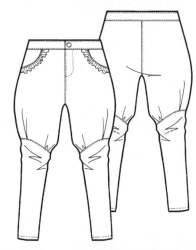

图9-2-65 女童泡泡马裤款长裤　　　图9-2-66 女童大翻边短裤款假两件长裤

小贴士　儿童常服和裤装都应以宽松款式为主，更适合儿童好动的特点。

第三节 儿童外套款式图

一、儿童外套款式图绘制要点

儿童外套在品类上与成人服装基本相同，包括风衣、大衣、棉衣，以及近年流行的防风衣、卫衣、斗篷等品类，在设计上可以采用多种装饰手法，以丰富服装的设计感，绘制中要注意保持适当的宽松度，在裁剪分割上与成人区别不大。

儿童外套款式图绘制步骤如图9-3-1~图9-3-6所示。

图9-3-1
绘制服装外轮廓

图9-3-2
绘制服装结构线及分割线

图9-3-3
绘制服装部件及装饰物、钮扣等

图9-3-4
绘制服装明线、省位线

图9-3-5
绘制着装褶纹

图9-3-6
绘制服装背面款式图

（一）儿童卫衣

儿童卫衣套头式居多，也有前开襟式，这一点与成人差不多。但是在结构分割上基本是以图案或卡通结构为主，而不像成人一样需要随人体结构剪裁。儿童卫衣在背部或其他部位可以添加一些软性装饰以使服装看起来更加可爱稚嫩（图9-3-7~图9-3-18）。

儿童卫衣款式图

图9-3-7 儿童连帽运动拉链款卫衣

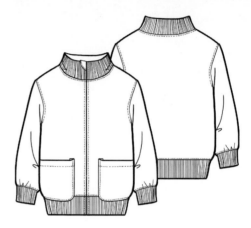

图9-3-8 儿童运动款卫衣

图9-3-9 女童长款连帽卫衣

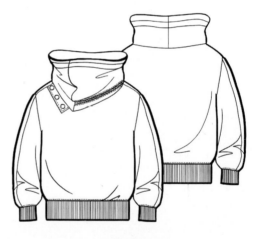

图9-3-10 儿童堆堆领款时尚卫衣

图9-3-11 儿童假两件款卫衣

图9-3-12 儿童宽松休闲款卡通卫衣

儿童卫衣款式图

图9-3-13 女童连帽拉链款卫衣

图9-3-14 女童卡通兔兔造型款螺纹口套头卫衣

图9-3-15 儿童连帽运动款卫衣

图9-3-16 儿童卡通高领款卫衣

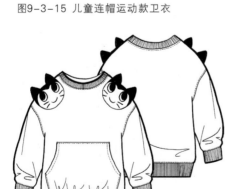

图9-3-17 儿童卡通肩饰款套头卫衣

图9-3-18 儿童连帽创意剪裁款卫衣

小贴士　儿童外套的结构变化很丰富，绘制中要注意清晰表达。

（二）儿童短外套

儿童短外套有夹克衫或小西装等款式，女童款式变化会更多更丰富，可以添加很多蕾丝或卡通图案，装饰手法十分丰富（图9-3-19~图9-3-30）。

图9-3-19 儿童夹克亮钻款短外套

图9-3-20 女童蝴蝶结款短外套

图9-3-21 儿童牛仔短外套

图9-3-22 女童PU短外套

图9-3-23 女童荷叶饰边款牛仔短外套

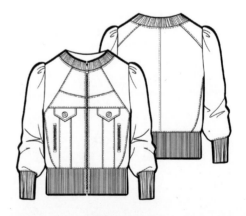

图9-3-24 儿童拼色短外套

小贴士　外套的设计要避免厚重，造型要活泼，绘制中要尽量体现出童趣来。

儿童短外套款式图

图9-3-25 女童飞袖装饰款短外套

图9-3-26 女童圆领短外套

图9-3-27 儿童夹克短外套

图9-3-28 儿童拼接夹克款短外套

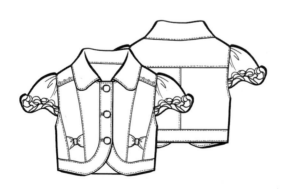

图9-3-29 女童半袖夹克款牛仔短外套

图9-3-30 儿童带翅膀卡通款短外套

小贴士 服装的裁剪线和分割线更多的是为装饰效果而非结构造型。

（三）儿童大衣

这里列举出来的儿童大衣是指较厚款式的羊绒或呢子大衣。儿童的服装依然是要有儿童天真稚嫩的元素在里面的，无论是线条还是装饰，都主要是以柔和圆顺的线条为主（图9-3-31~图9-3-42）。

图9-3-31 女童双层裙边款大衣

图9-3-32 女童大立领款大衣

图9-3-33 女童中腰剪裁款大衣

图9-3-34 女童大翻领花边大衣

图9-3-35 儿童双层结构大衣

图9-3-36 女童创意下摆大衣

儿童大衣款式图

图9-3-37 女童创意领型式大衣

图9-3-38 儿童中腰系带大衣

图9-3-39 儿童非对称创意领型式大衣

图9-3-40 儿童英伦风大衣

图9-3-41 女童压褶大裙摆大衣

图9-3-42 儿童简洁剪裁大衣

小贴士　儿童服装多为平面裁剪，没有曲线起伏，绘制时以平铺式展示为主。

（四）儿童风衣

儿童风衣在外形上与成人很像，但是女童风衣可以加入更多的蕾丝、轻纱等材质，营造出小仙女的感觉。风衣的衣领、裙摆都是非常好的设计点，可发挥空间也非常大（图9-3-43~图9-3-54）。

图9-3-43 女童中腰剪裁简洁版风衣

图9-3-44 女童抽褶花边双层网纱公主风衣

图9-3-45 女童大披肩A字裙摆风衣

图9-3-46 儿童短版风衣

图9-3-47 女童双层袖型风衣

图9-3-48 女童披肩长版风衣

儿童风衣款式图

图9-3-49 女童斗篷式大裙摆风衣

图9-3-50 女童双层剪裁收腰大裙摆风衣

图9-3-51 女童中腰剪裁蓬蓬裙风衣

图9-3-52 女童花形翻领风衣

图9-3-53 女童抽褶立领风衣

图9-3-54 儿童时尚创意下摆风衣

小贴士 不同材质或面料的拼接结合手法在童装中的使用也很常见，要绘制出材质差别。

（五）儿童棉服

儿童的棉服要暖暖的才更具童心。儿童棉服尽量不选用束腰款式，长款羽绒服除外。由于儿童好动的天性，服装在考虑到保暖性能的前提下，也要考虑到方便孩子活动（图9-3-55～图9-3-66）。

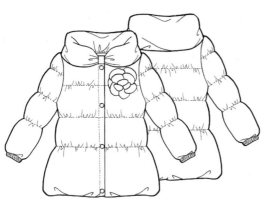

图9-3-55 女童枕领裙式羽绒服

图9-3-56 儿童毛毛边皮衣

图9-3-57 女童松紧腰口羽绒服

图9-3-58 女童毛领荷叶边装饰下摆羽绒服

图9-3-59 女童大翻领裙式羽绒服

图9-3-60 女童木耳饰边棉服

小贴士 童装造型以卡通、可爱为主线，绘制时的线条可带有一定的倾向性。

儿童棉服款式图

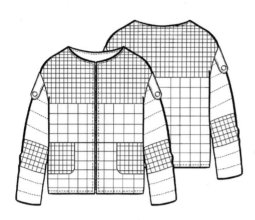

图9-3-61 儿童绗缝棉服

图9-3-62 女童大翻领棉服

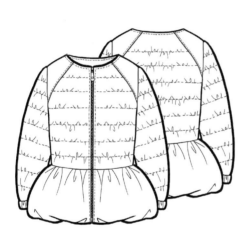

图9-3-63 女童圆领裙摆式羽绒服

图9-3-64 女童连帽羽绒服

图9-3-65 女童枕领式圆摆绗缝棉服

图9-3-66 女童松紧中腰羽绒服

第四节 女童裙装、小礼服款式图

一、女童裙装、小礼服款式图绘制要点

儿童的裙装、礼服设计出发点是可爱、气质，而绝非性感、体态。这是童装礼服与成人礼服最本质的区别，也是不可混淆的一个方面。绘制中要注意区别，不要把童装绘制得失掉了童趣。服装的装饰可以或复杂、或夸张，设计中需要考虑到儿童好动的特点和稚嫩的心理需求。

女童裙装款式图绘制步骤如图9-4-1~图9-4-6所示。

图9-4-1
绘制服装外轮廓

图9-4-2
绘制服装结构线及分割线

图9-4-3
绘制服装部件及装饰物、钮扣等

图9-4-4
绘制服装明线、省位线

图9-4-5
绘制着装褶纹

图9-4-6
绘制服装背面款式图

二、女童裙装、小礼服款式图

女童的裙装在女童的生活中是必不可少的，可以说是贯穿女童整个童年的"主角"，在女童的思维中，裙子是所有美好的内容和象征。女童对于裙子的喜爱远远胜过其他玩具，所以在女童的童装世界中，裙装也永远都是最重头的一部分内容。

（一）女童半身裙

女童半身裙在儿童服装的穿搭中使用频率非常高，款式也很多而且十分可爱。设计元素可以是卡通形象，造型也可以可爱至极，我们可以尽情发挥想象力，把孩子们的童年装点得更加美好（图9-4-7~图9-4-24）。

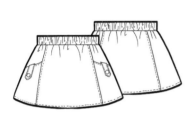
图9-4-7 普通休闲式女童半身裙

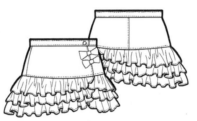
图9-4-8 三层木耳边裙摆式女童半身裙

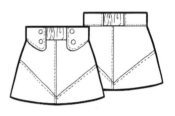
图9-4-9 宽腰牛仔女童半身裙

图9-4-10 侧边斜裁女童半身裙

图9-4-11 双料拼接式多褶纹女童
半身裙

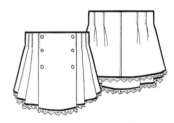
图9-4-12 压褶花边女童半身裙

图9-4-13 百褶裙式女童半身裙

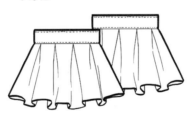
图9-4-14 捏褶裙摆女童半身裙

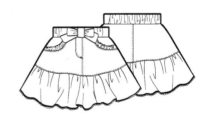
图9-4-15 抽褶花边女童半身裙

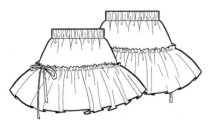
图9-4-16 双节抽褶女童半身裙

图9-4-17 双料拼接压褶裙边
女童半身裙

图9-4-18 双层网纱女童半身裙

女童半身裙

图9-4-19 双层网纱花边女童半身裙

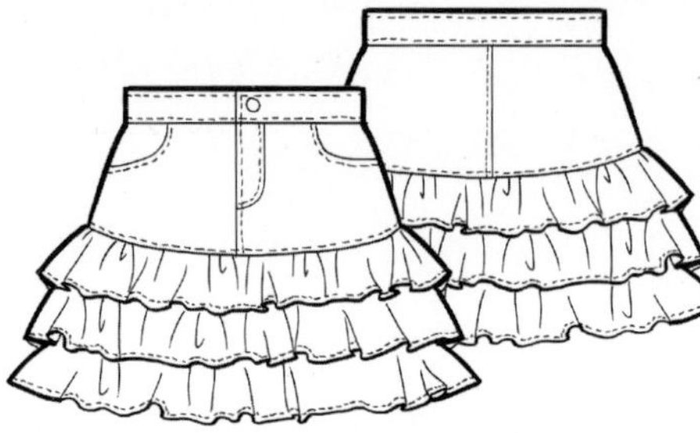

图9-4-20 多层荷叶边装饰女童半身裙

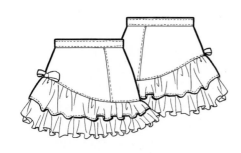

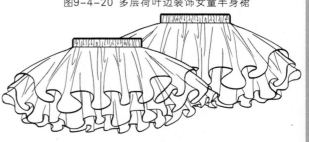

图9-4-21 斜向流线式多层荷叶边女童半身裙

图9-4-22 多层蓬蓬裙式女童半身裙

图9-4-23 大荷叶边下摆式女童半身裙

图9-4-24 双层网纱长款半身裙

小贴士 童装款式变化丰富，装饰也颇多，绘制中要注意装饰手法的表现。

（二）女童背带裙

女童背带裙也十分受到孩子们的喜爱，它比半身裙更有整体性，比连衣裙更具灵活性。它可以像半身裙一样变换搭配上衣，又看起来很整体。背带的样式更可以成为设计的一个亮点（图9-4-25~图9-4-36）。

女童背带裙

图9-4-25　无胸片式背带裙

图9-4-26　高胸片式直筒牛仔背带裙

图9-4-27　高胸片圆领式直筒背带裙

图9-4-28　高胸片多材质混合多层背带裙

图9-4-29　高胸片式背带裙

图9-4-30　大V型背带裙

女童背带裙

图9-4-31 流线大V型背带裙

图9-4-32 高胸片直线长款背带裙

图9-4-33 高胸片蛋糕式背带裙

图9-4-34 V型交叉式背带裙

图9-4-35 高胸片式斜裁大裙摆背带裙

图9-4-36 高胸片花边背带裙

小贴士　童装的设计点在于烘托体现出孩子的天真和可爱，而非身材展示。

（三）女童连衣裙

　　女童连衣裙同样是女孩子童年生活中不可或缺的服饰。领口、袖口、裙摆、腰部都可以成为设计点。但是在绘制中不可把所有设计点集于一身，而应找出轻重主次，避免画面最终凌乱无章（图9-4-37~图9-4-66）。

图9-4-37 女童飞袖连身版连衣裙

图9-4-38 女童无袖多层裙摆绣花连衣裙

图9-4-39 女童创意抹胸大花连衣裙

图9-4-40 女童宽松版休闲可爱连衣裙

图9-4-41 女童直线型压褶半袖连衣裙

图9-4-42 女童中袖直筒式连衣裙

图9-4-43 女童衬衫连衣裙

图9-4-44 女童背心连衣裙

图9-4-45 女童花形领口雪纺连衣裙

图9-4-46 女童大圆领背心蛋糕式连衣裙

图9-4-47 女童大荷叶边连衣裙

图9-4-48 女童一字领纱网多层连衣裙

女童连衣裙

图9-4-49 女童网纱多重抽褶连衣裙

图9-4-50 女童无袖双层连衣裙

图9-4-51 女童长袖百合裙摆连衣裙

图9-4-52 女童创意领口南瓜版连衣裙

图9-4-53 女童钉珠大摆连衣裙

图9-4-54 女童交叉前襟木耳边式连衣裙

女童连衣裙

图9-4-55 女童半袖大圆领连衣裙

图9-4-56 女童无袖大翻领连衣裙

图9-4-57 女童长袖绣花领口连衣裙

图9-4-58 女童中袖中式假两件式连衣裙

图9-4-59 女童网纱双层连衣裙

图9-4-60 女童吊带款连衣裙

女童连衣裙

图9-4-61 女童松紧版连衣裙　　　　　图9-4-62 女童长袖木耳边领口连衣裙

图9-4-63 女童抽褶裙摆连衣裙　　　　　图9-4-64 女童带腰款A版无袖连衣裙

图9-4-65 女童多层荷叶边领口无袖连衣裙　　　图9-4-66 女童蛋糕式大裙摆连衣裙

（四）女童小礼服

　　女童小礼服是集所有漂亮元素于一身的一种服装，对于孩子来说，这就是盛装了。现代生活中，孩子们参加演出和聚会的场合比较多，人们的生活水平也足以满足小公主们的愿望，所以女童礼服已经是每一个小女孩必备的物品了。然而孩子们喜爱的元素跟大人是不同的，让我们打开儿童的世界，看看她们心爱的礼服，也一起来感受和回忆我们的童年和当初那个小小的梦想（图9-4-67~图9-4-86）。

图9-4-67 女童创意大花直筒版小礼服

图9-4-68 女童大露背式花型刺绣小礼服

图9-4-69 女童花朵造型镶钻小礼服

图9-4-70 女童一字肩型小礼服

女童背带裙

图9-4-71 女童斜肩长款大裙摆礼服

图9-4-72 女童丝绸经典造型钉珠小礼服

图9-4-73 女童吊带大花朵多层轻纱小礼服

图9-4-74 女童斜肩长款大裙摆礼服

女童背带裙

图9-4-75 女童大翻领精致垂感小礼服

图9-4-76 女童深V领口薄纱多层小礼服

图9-4-77 女童蕾丝大花多层蛋糕裙摆小礼服

图9-4-78 女童花形领口绣花小礼服

图9-4-79 女童轻奢网纱多层时尚小礼服

图9-4-80 女童花仙子造型多层网纱小礼服

女童背带裙

图9-4-81 女童大裙摆捏褶小礼服

图9-4-82 女童创意背部大蝴蝶结直筒式小礼服

图9-4-83 女童长版斜裁垂感钉珠领口小礼服

图9-4-84 女童多层镶钻轻纱小礼服

图9-4-85 女童荷叶飞边多层网纱小礼服

图9-4-86 女童露肩大荷叶袖口小礼服

第十章
编织服装款式图
BIANZHIFUZHUANGKUANSHITU

　　在人们日常穿着的服装中，还有一类较为特殊的服装，从诞生伊始就深受人们喜爱，直到现代依然是生活中不可或缺的服饰，这就是编织服装。棒针和钩针是编织的主要工具，使用棒针可以编织较大而且厚重的织物；使用钩针则可以编织细腻精美的织物，两者结合编织更可以制作出层次丰富的服装作品。服装编织一直是以人工编织为主要加工方式，虽然现代的机器加工在一定程度上取代了人工编织，形成了近代的针织服饰，但是人工编织依然独具特色。

　　编织是人类最古老的手工艺之一。旧石器时代，人类即以植物韧皮编织成网罟（网状兜物），内盛石球，抛出以击伤动物。人们利用动植物纤维编织各类生活用品，如篓、篮、箩、筐、席、鞋，以及服装和首饰等物件。随着时代的变迁与发展，在人们日新月异的生活中，古老的编织法一直以最原始的姿态伴随着我们。

　　棒针和钩针编织主要以针法和花样为单位组成织物，通过不同的排列组合，形成了丰富的花样变化。编织服装独具丰富的肌理质感，款式不受限制，穿搭也十分广泛，不仅在人们的日常生活中表现出色，在时尚秀场中也是独树一帜的作品（图10-1-1）。

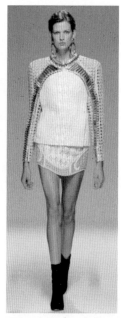

图10-1-1 时尚秀场中的编织服装

第一节 基础编织法与绘制表现

一、棒针

棒针编织是最常见的毛衣编织法，其编织方法变化多样，单起针的针法就有数十种之多，不同的针法可编织出不同的肌理效果。

（一）棒针工具

棒针主要由竹子制成，近代也经常使用钢针。棒针有两种，一种是一端有一圆球形物体的单尖棒针（图10-1-2），通常用作编织平面织物（即一来一回编织），圆球的作用是阻隔已编织之活结脱出，单尖棒针的长度约为30cm；另一种是两端均尖形的棒针，即双尖棒针（图10-1-3），用途较广，它既可以编织平面织物，又可以编织圆形织物（即绕圈编织，亦作回旋编织）。为了编织方便，近代人们在双尖棒针的中间部位使用软管代替（图10-1-4），主要应用于编织圆形织物，即圈织时用。

棒针的粗细是以号数来区分的，针号标示的是针的直径（mm）；不同线的粗细及需要编织的不同花色，需要选择适合针号的棒针进行编织。

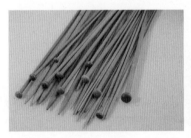

图10-1-2 单尖棒针

图10-1-3 双尖棒针

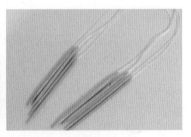

图10-1-4 软管圈织针

（二）棒针基础针法

棒针最基础的针法为上针（图10-1-5）、下针（图10-1-7）和麻花针。上针也称为正针，下针为反针，麻花针为交叉编织针法，这三种针法是棒针针法变化的基础。编织服装款式图绘制中，多采用直线代表正针（图10-1-6），波浪线代表反针（图10-1-8）。

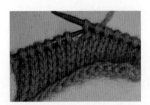

图10-1-5 上针图样

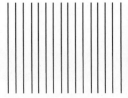

图10-1-6 上针绘制

图10-1-7 下针图样

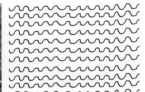

图10-1-8 下针绘制

（三）棒针样式与表现

棒针针法大多是由正针和反针采用不同的排列组合进行编织，从而形成了不同的肌理和花纹，常用的棒针编织针法就多达上百种，编织技法和花样变化十分丰富（图10-1-9~图10-1-34）。

图10-1-9 单螺纹

图10-1-11 米粒针领口

图10-1-13 袖窿收针法

图10-1-10 单螺纹绘制

图10-1-12 米粒针领口绘制

图10-1-14 袖窿收针法绘制

图10-1-15 叶形图案

图10-1-16 叶形图案绘制

图10-1-17 菱形组合图案　图10-1-18 菱形组合图案绘制

图10-1-19 麻花组合图案

图10-1-20 麻花组合图案绘制

图10-1-21 粗反针编织　图10-1-22 粗反针编织绘制

图10-1-23 正反针镂空针法　图10-1-24 正反针镂空针法绘制

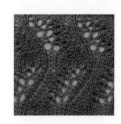

图10-1-25 镂空花形针法 图10-1-26 镂空花形针法绘制

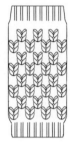

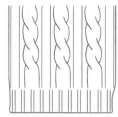

图10-1-27 菠萝花针法　图10-1-28 菠萝花针法绘制　　图10-1-29 麻花针法　　　图10-1-30 麻花针法绘制

图10-1-33 镂空花形边起针

图10-1-31 多重拧花针法　图10-1-32 多重拧花针法绘制

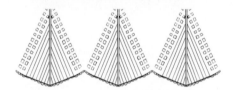

图10-1-34 镂空花形边起针绘制

二、钩针

钩针编织与棒针编织的逻辑基本上是相同的，是创造织物的一种方式，但不同在于钩针编织的花样比较自由，从头到尾仅有一支钩针与一根线，可钩出许多自由花形、圆形，甚至很容易钩出小型的立体织物，如手指玩偶等。

1. 勾针工具

钩针是进行钩针编织的主要工具，直径尺寸约为0.75~3.5mm，以铝制或塑胶材质制作（图10-1-35），最常用的钩针是1.9~2.5mm，比较特殊的细长钩针被称为突尼斯钩针（又称阿富汗钩针）。不同线的粗细根据需要编织的不同花色，需要选择适合的钩针针号进行编织。

图10-1-35 钩针

（二）钩针基础针法

钩针的基础针法为辫子针（图10-1-36），以及在此基础上变化而来的短针（图10-1-37）和长针（图10-1-38）。钩针的花样变化基本上离不开这三种基本针法。了解基础针法和针法的标注标准，便可以看懂花样图案的针法图解（图10-1-39、图10-1-40），按照图案编织出喜欢的花形。

图10-1-36 辫子针样式及标示

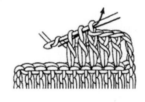

图10-1-37 短针样式及标示　　　　　图10-1-38 长针样式及标示

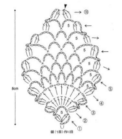

图10-1-39 钩针花样图解（一）

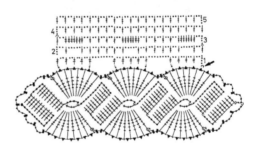

图10-1-40 钩针花样图解（二）

（三）钩针样式与表现

钩针的运用十分灵活，可以编织花边或装饰边饰，也可以编织服装面片，图案变化丰富，风格浪漫唯美（图10-1-41~图10-1-60）。

图10-1-41 钩针编织多层立体花边

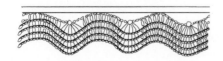

图10-1-42 钩针编织多层立体花边绘制

图10-1-43 钩针编织花形饰边

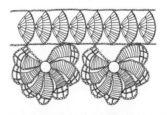

图10-1-44 钩针编织花形饰边绘制

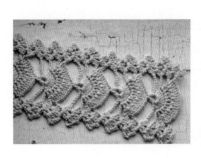

图10-1-45 钩针编织扇形饰边

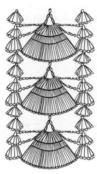

图10-1-46 钩针编织
扇形饰边绘制

图10-1-47 水波纹钩
针编织肌理

图10-1-48 水波纹钩
针编织肌理绘制

图10-1-49 枣形针肌理

图10-1-51 橘瓣针肌理

图10-1-50 枣形针肌理绘制

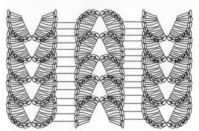

图10-1-52 橘瓣针肌理绘制

图10-1-53 圈式编织花形

图10-1-55 扇形编织花形

图10-1-54 圈式编织花形绘制

图10-1-56 扇形编织花形绘制

图10-1-57 立体钩针 编织花朵　图10-1-58 立体钩针 编织花朵绘制　图10-1-59 立体钩针 编织颈饰　图10-1-60 立体钩针 编织颈饰绘制

第二节 编织服装款式图

一、编织服装款式图绘制步骤

绘制编织服装款式图时，绘制重点是服装款式与编织图案，其中图案绘制是编织服装特色的一个重要表现手法。

编织服装款式图绘制步骤如下：

1. 绘制服装款式及外轮廓（图10-2-1）；
2. 绘制服装内部分割结构（图10-2-2）；
3. 绘制服装编织肌理或图案（图10-2-3）；
4. 绘制服装着装褶纹（图10-2-4）；
5. 绘制背面款式图（图10-2-5）。

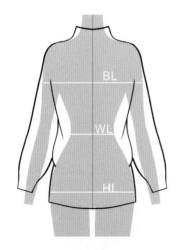

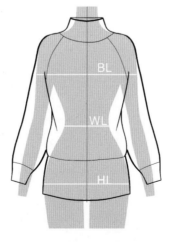

图10-2-1 编织服装绘制步骤（一）　图10-2-2 编织服装绘制步骤（二）　图10-2-3 编织服装绘制步骤（三）

图10-2-4 编织服装绘制步骤（四）　　　　图10-2-5 编织服装绘制步骤（五）

二、编织服装款式图

编织服装款式图可以体现出服装款式和图案特征，是编织服装设计样稿绘制的有力助手。棒针编织服装与钩针编制服装从图案绘制上就应注意区分。

（一）短款编织服装款式图（图10-2-6~图10-2-26）

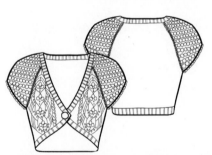
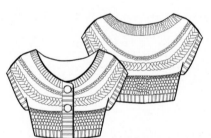
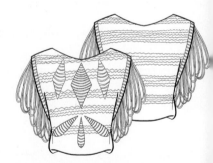

图10-2-6 棒针编织花形小外搭　　　图10-2-7 棒针麻花横编短外搭　　　图10-2-8 正反棒针镂空花形衫

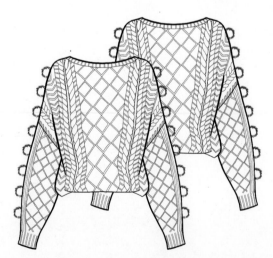
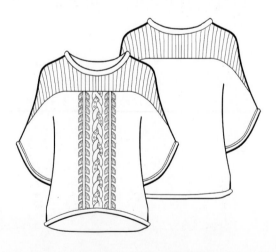

图10-2-9 棒针菱形图案编织毛衣　　　　图10-2-10 棒针连身袖组合图形编织毛衫

图10-2-11 正反棒针变化毛衫

图10-2-12 棒针编织无袖毛衣

图10-2-13 渔网式花形棒针编织毛衣

图10-2-14 棒针编织空针横麻花毛衣

图10-2-15 棒针拧花编织毛衣

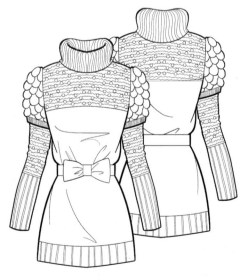

图10-2-16 棒针肌理编织毛衣

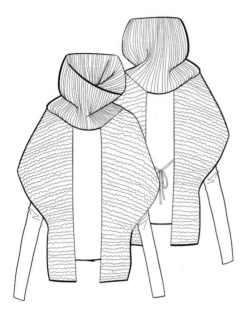

图10-2-17 正反棒针编织假两件高领毛衫

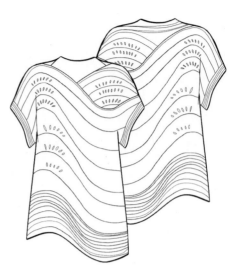

图10-2-18 钩针编织毛衫

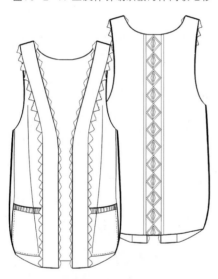

图10-2-19 棒针编织镶边马甲

图10-2-20 棒针编织拧花肌理修身毛衣

图10-2-21 棒针编织大翻领麻花毛衣

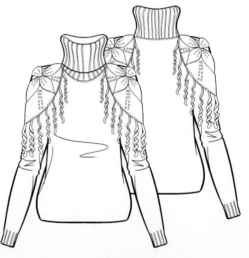

图10-2-22 棒针立体编织高领毛衣

图10-2-23 棒针编织几何图形蝙蝠衫

图10-2-24 棒针编织镂空花形马甲

图10-2-25 棒针编织拧花毛衣

图10-2-26 多色棒针编织毛衣

（二）长款编织服装款式图

（图10-2-27~图10-2-43）

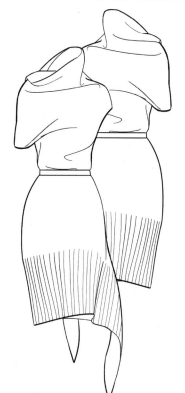

图10-2-27 平织长款毛衫裙

编织服装款式图

图10-2-28 正反棒针纹理针织裙

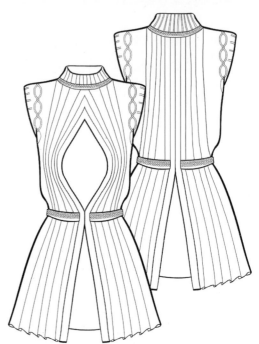

图10-2-29 条纹肌理针织裙

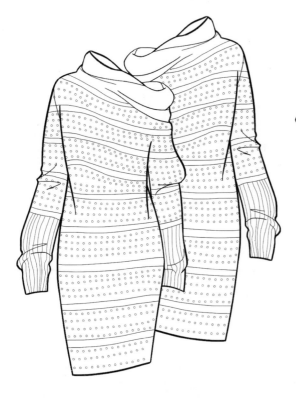

图10-2-30 棒针镂空肌理套衫裙

图10-2-31 多色拼接肌理针织裙

编织服装款式图

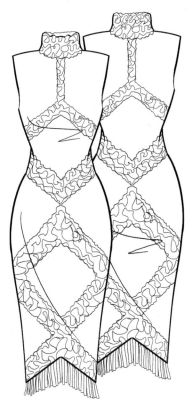

图10-2-32 肌理装饰针织裙

图10-2-33 不规则休闲针织裙

图10-2-34 麻花纹理收边长衫

图10-2-35 前拧花编织针织裙

编织服装款式图

图10-2-36 立体横纹肌理针织裙

图10-2-37 肌理装饰长款大开衫

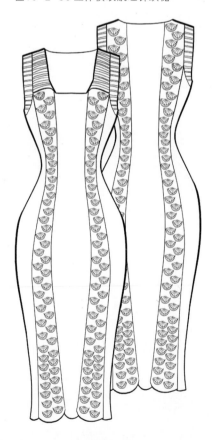

图10-2-38 钩针编织修身裙

图10-2-39 钩针编织图案修身裙

编织服装款式图

图10-2-40 纹理编织针织长裙

图10-2-41 纹理编织大披风长裙

图10-2-42 钩针编织单元拼接图案长裙

图10-2-43 棒针编织图案长裙

（三）创意编织服装款式图（图10-2-44~图10-2-68）

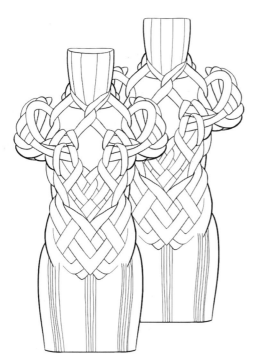

图10-2-44 创意粗线手工编织裙

图10-2-45 针织肌理创意包身裙

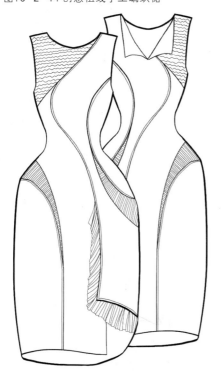

图10-2-46 夸张造型针织裙

图10-2-47 立体肌理创意编织裙

图10-2-48 创意立体编织图案短衣

图10-2-49 创意钩针肌理编织上衣

图10-2-50 创意单元钩针花形拼接长裙

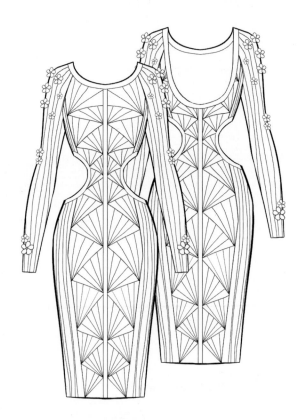

图10-2-51 创意几何纹理编织裙

图10-2-52 创意编织纹理花形上衣

图10-2-53 创意粗线编织披肩

图10-2-54 创意钩针编织流苏上衣

图10-2-55 创意棒针肌理编织裙

图10-2-56 创意编织纹理多层袖裙装

图10-2-57 创意钩针拼花裙

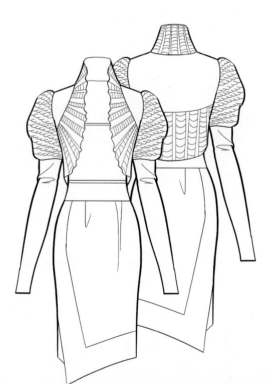

图10-2-58 创意钩针单元拼花长裙

图10-2-59 创意编织肌理不规则裙装

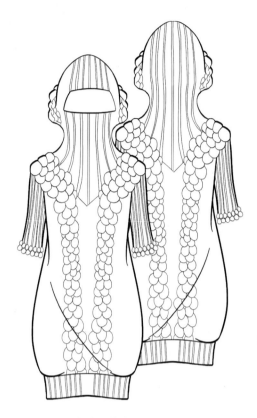

图10-2-60 创意葡萄球形编织肌理连身裙

图10-2-61 多针法结合创意长裙

图10-2-62 创意棒针编织立体图案长裙

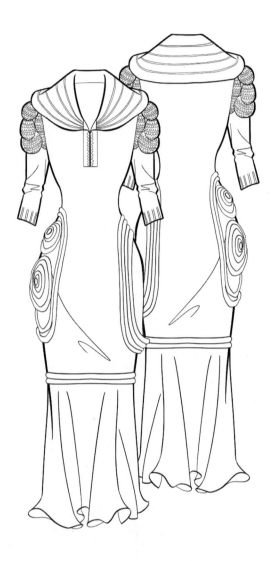

图10-2-63 创意立体造型长裙

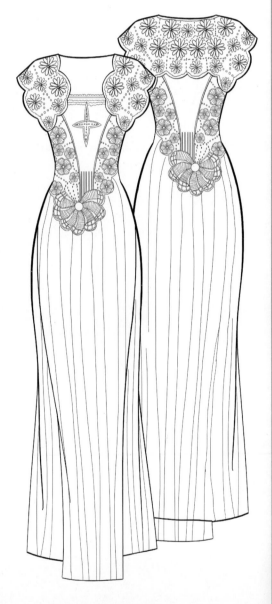

图10-2-64 创意钩针编织拼纱长裙

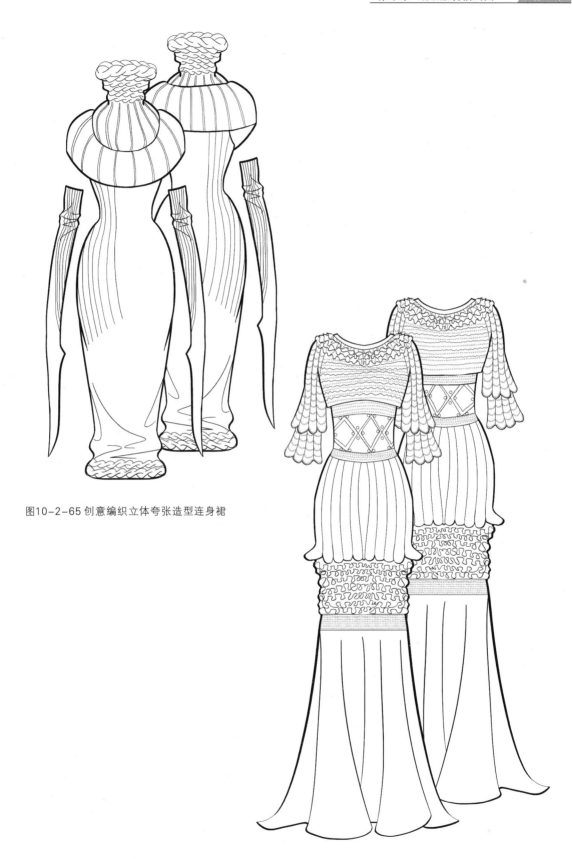

图10-2-65 创意编织立体夸张造型连身裙

图10-2-66 多元素拼接编织创意长裙

图10-2-67 创意钩针编织图案礼服

图10-2-68 创意编织立体肌理设计礼服

第十一章
羽绒服款式图
YURONGFUKUANSHITU

羽绒服是指以羽绒产品填料而制成的上衣或外套，外形庞大圆润。羽绒服出色的保暖性能深受北方人的喜爱，并且是冬季的主要穿着服饰。羽绒服分为薄款与厚款，应用于不同冷度的天气环境下。薄款羽绒服是近年流行起来的轻薄修身款式羽绒服，服装以轻薄、保暖为主要特点，在−10℃左右的环境下穿着，是人们用来替代羊绒大衣等薄款御寒外套的一种全新类别的服装款式；厚款羽绒服主要用于较为寒冷的环境下，主要功能是御寒。

随着时代的发展，羽绒服逐渐发展为时尚服饰产品，是追求流行趋势的人们冬季必选的基础服饰。羽绒服的设计较从前也有了非常大的变化。现代羽绒服的设计，从裁剪切割到颜色搭配，再到配件的使用，都呈现了多元化、时尚化的发展。

由于绗道充绒技术的成熟和操作的简易性，羽绒服逐步成为服装市场的必争之地，很多运动品牌都已经着力开发自身品牌的羽绒服装产品。羽绒服可以分为轻薄款，穿着于乍凉时节；厚重款，用于寒冷时节。在严寒地区或野外使用的羽绒服，外部面料则要求要具有防风防水等特殊功能性。平时穿着的羽绒服也经常会分为长款、短款、运动款和时尚款等。

羽绒服的绘制在款式图绘制中，是较为复杂的一种服装，从服装造型和结构方面，都较一般类别的服装有一定的不同。羽绒服装由于内部充绒蓬起的特殊性，在款式图绘制时，要注意表现其充绒质感、蓬松度、空气感的表现。同时，羽绒服的缝纫行道，以及行道位置产生的褶纹，是表现羽绒服款式图的重点内容。

第一节 羽绒服款式图绘制要点

羽绒服款式图的绘制要点，主要体现在袖口、领口、门襟、服装外轮廓、服装下摆以及帽子等部位的绘制上。下面将逐一举例讲述羽绒服在绘制中应注意表现的要点和内容。

一、羽绒服袖子的绘制

　　绘制要点：羽绒服袖子的绘制，是羽绒服款式设计中的一个重要表现点。袖子的造型以及蓬松曲度变化，对服装整体造型都有一定的表现作用。羽绒服的袖子轮廓在绘制中应注意羽绒服装充绒蓬松曲线的表现（图11-1-1、图11-1-2）。

图11-1-1 羽绒服袖子
绘制参考图

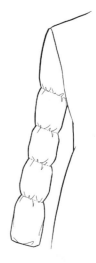

图11-1-2 羽绒服袖子
绘制完成图

绘制步骤：

1. 绘制袖子外轮廓线条以及袖子与服装的关系(图11-1-3)。

2. 绘制袖子缝纫线、外轮廓曲线。羽绒服内部充绒的特殊材质，其曲度收线应在缝纫线部位(图11-1-4)。

3. 擦除多余线条(图11-1-5)。

4. 绘制褶袖子褶纹、绘制完成(图11-1-6)。

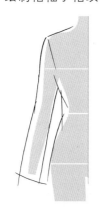

图11-1-3 绘制袖子
外轮廓线

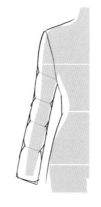

图11-1-4 绘制缝纫线、
外轮廓曲线

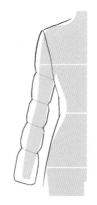

图11-1-5 擦除多余线条

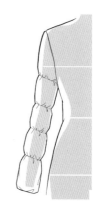

图11-1-6 绘制褶纹，
绘制完成

二、羽绒服外轮廓型的绘制

　　绘制要点：羽绒服外廓型的绘制，重要表现点依然是在轮廓曲度的表现上。不同的充绒量和蓬松度、缝纫间隔的大小都有很大的关系。在平时生活中，应多注意观察曲线变化的不同，则仅通过服装的外轮廓型，就可以了解服装的充绒量多少了（图11-1-7）。

绘制步骤：

1. 绘制服装外轮廓线，绘制缝纫线、服装轮廓曲线。服装的外轮廓曲线，应顺着服装结构轮廓造型走，不应有跳出感（图11-1-8）。

2. 擦除多余线条，整理服装结构线（图11-1-9）。

3. 绘制服装褶纹，注意褶纹走向和表现（图11-1-10）。

4. 修整绘图，绘图完成（图11-1-11）。

图11-1-7 羽绒服外轮廓绘制参考图

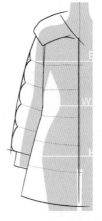 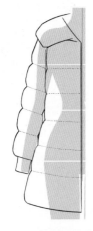 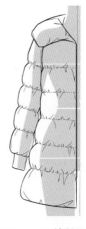 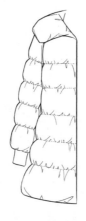

图11-1-8绘制服装廓型、缝纫线

图11-1-9绘制服装曲度轮廓线，整理服装外型，擦除辅助线

图11-1-10 绘制服装褶纹

图11-1-11 整理服装结构线、绘制完成

小贴士 羽绒服装的褶纹表现部位和线条与普通服装存在很大的差异性，绘制中要注意提现服装的充绒感和服装厚度，特别是在服装转折部位和底端边缘，都要注意利用褶纹体现。

三、翻领门襟的绘制

绘制要点：在羽绒服的设计中，使用大翻领的情况较为多见，应用十分普遍。对于羽绒服翻领门襟的绘制而言，其表现与普通服装存在很大的不同（图11-1-12）。

图11-1-12 羽绒服大翻领门襟绘制参考图

绘制步骤：

1. 绘制翻领门襟廓线和服装结构线（图11-1-13）。

2. 绘制翻领门襟褶纹，擦除辅助线，绘制完成（图11-1-14）。

> **小贴士** 羽绒服的服装边缘部分很少使用单纯的直线表现，都需要与一定的褶纹结构配合，来体现羽绒服装的空气感和软绵厚度感。

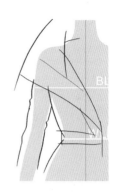 

图11-1-13 绘制翻领门襟廓线、结构线　　图11-1-14 绘制翻领门襟褶纹关系等

四、羽绒服下摆绘制

绘制要点：羽绒服装的下摆，也是不可忽视的绘制细节。下摆的造型与普通服装的造型区别很大，单纯的线条是不能够表现出其空气感和厚度感的，需要与褶纹配合表现，褶纹的绘制也不是随意绘出的，应与服装结构和走向相结合（图11-1-15）。

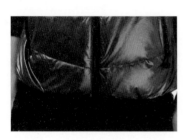

图11-1-15 羽绒服下摆绘制参考图

绘制步骤：

1. 绘制下摆廓线和服装结构线（图11-1-16）。

2. 绘制下摆褶纹，擦除辅助线，绘制完成（图11-1-17）。

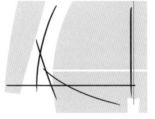 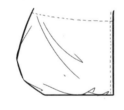

图11-1-16 绘制下摆廓线、结构线　　图11-1-17 绘制下摆褶纹等

> **小贴士** 羽绒服的服装边缘部分很少使用单纯的直线表现，都需要与一定的褶纹结构配合，来体现羽绒服装的空气感和软绵厚度感。

五、羽绒服领子的绘制

（一）带帽领的绘制

绘制要点：羽绒服带帽领的绘制表现，也是羽绒服设计与表现的一个重点部位。在款式图绘制中，既要注意表现设计结构，也要考虑到羽绒服这种特殊材质的表现，两者结合才能准确地表现出结构特点，达到预期效果（图11-1-18）。

图11-1-18 羽绒服带帽领绘制参考图

绘制步骤：

1. 绘制带帽领廓型线、参考线。利用辅助线，绘制出领部结构与轮廓（图11-1-19）。

2. 绘制带帽领结构线，修整结构与外轮廓，擦除辅助线条（图11-1-20）。

3. 绘制带帽领缝纫线，包括羽绒服的绗道绗缝线（图11-1-21）。

4. 绘制带帽领褶纹，整理绘制线条，完成绘制（图11-1-22）。

图11-1-19 绘制带帽领廓型线、参考线

图11-1-20 绘制带帽领结构线，擦除辅助线

图11-1-21 绘制缝纫线

图11-1-22 绘制褶纹

（二）立领的绘制

绘制要点：羽绒服的立领位置，通常会采用针织螺纹口或者与服装同面料制作。在领子部位的结构也通常会采用充绒的制作方式。在表现充绒款立领时，褶纹表现依然十分重要，特别是领子转折部位的褶纹表现（图11-1-23）。

图11-1-23 羽绒服立领绘制参考图

绘制步骤：

1. 绘制立领结构线，借助辅助线绘制廓型线（图11-1-24）。

2. 绘制立领结构线、绗缝线（图11-1-25）。

3. 擦除绘图辅助线，整理服装结构和轮廓线条（图11-1-26）。

4. 绘制服装褶纹，注意表现立领的转折关系（图11-1-27）。

图11-1-24 绘制立领廓型线

图11-1-25 绘制立领结构线、绗缝线

图11-1-26 擦除辅助线，整理服装轮廓和结构线条

图11-1-27 绘制服装褶纹

（三）翻折领的绘制

绘制要点：翻折款领型在羽绒服的设计中是经常使用的。在绘制翻折领时，表现好领部结构的转折关系是重点内容（图11-1-28）。

图11-1-28 羽绒服翻折领绘制参考图

、 绘制步骤：

1. 绘制翻折领廓型线、参考线。利用辅助线，绘制出领部结构与轮廓（图11-1-29）。

2. 绘制翻折领结构线，修整结构与，擦除辅助线（图11-1-30）。

3. 绘制翻折领褶纹关系，注意转折部位的表现（图11-1-31）。

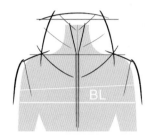  

图11-1-29 绘制翻折领廓型线、参考线　　　图11-1-30 绘制翻折领结构线，擦除辅助线　　　图11-1-31 绘制翻折领缝纫线

六、羽绒服大裙摆绘制

绘制要点：羽绒服的大裙摆设计是长款羽绒服设计中会经常用到的手法和元素。寒冷地方的女性更偏爱长款羽绒服，大裙摆设计是长款羽绒服的主流设计方向。在绘制大裙摆羽绒服款式图时，要注意兼顾服装面料的堆叠关系和裙摆的褶纹处理（如图11-1-32）

图11-1-32 羽绒服大裙摆绘制参考图

绘制步骤：

1. 绘制裙摆廓型线、参考线。利用辅助线，绘制出裙摆结构与轮廓（图11-1-33）。

2. 绘制裙摆绗缝线条、修正裙摆廓型曲线（图11-1-34）。

3. 擦除辅助线，整理结构线条，绘制褶纹关系（图11-1-35）。

 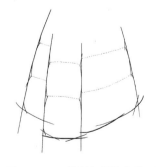 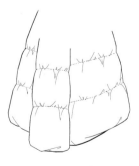

图11-1-33 绘制裙摆轮廓　　　图11-1-34 绘制裙摆绗缝线，修正廓型曲线　　　图11-1-35 绘制裙摆褶纹等

七、暗绗羽绒服款式图绘制表现

绘制要点：暗绗款式羽绒服，即绗缝线的线迹在服装表面看不到，隐藏在另一层面料下，也就是说服装的绗缝工作在内胆部分完成，服装外部面料不使用绗缝线。这样的服装款式在近年使用得较少，其特点为表面看不到绗缝线，单因其内部绗缝结构，使得服装表面自然产生肌理和褶纹关系（图11-1-36、图11-1-37）。

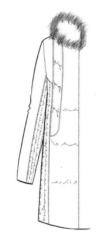

图11-1-36 暗绗羽绒服绘制参考图　　图11-1-37 暗绗羽绒服绘制表现

第二节 羽绒服款式图

书中羽绒服的款式图是按照服装长度进行分类绘制的，主要分为短款羽绒服、中长款羽绒服和长款羽绒服，并单列出一组创意羽绒服的单元，用以体现羽绒服在服装造型方面的超强塑造能力。

一、羽绒服绘制步骤

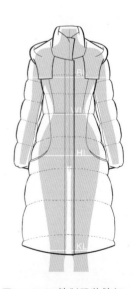
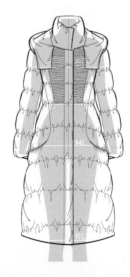

图11-2-1 绘制服装基本轮廓型　　图11-2-2 绘制服装结构线　　图11-2-3 绘制服装缝纫线、绗缝线　　图11-2-4 绘制服装褶纹肌理

　　绘制要点：羽绒服装绘制中，要注意细节的绘制和把握，对于服装充绒状态的空气感，是需要通过服装褶纹和服装廓型绘制实现的，服装转折关系也要注意表现和把握。

　　绘制步骤：

1. 绘制羽绒服装的基本轮廓型（图11-2-1）。
2. 绘制羽绒服装的结构线（图11-2-2）。
3. 绘制羽绒服装的缝纫线、绗缝线（图11-2-3）。
4. 绘制羽绒服装的褶纹肌理（图11-2-4）。
5. 款式图绘制完成，绘制背面款式图（图11-2-5）。

图11-2-5 绘制完成,绘制背面款式图

短款羽绒服款式图

二、短款羽绒服款式图欣赏（图11-2-6~图11-2-26）

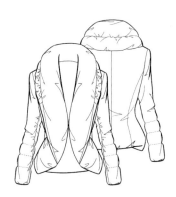

图11-2-6 大翻领短款羽绒服

图11-2-7 菱形绗缝短款羽绒服

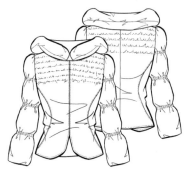

图11-2-8 松紧绗缝袖短款羽绒服

图11-2-9 菱形绗缝拼接羽绒服

图11-2-10 圆形绗缝短款羽绒服

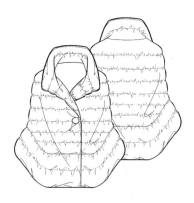

图11-2-11 无袖披风羽绒服

图11-2-12 大领绗缝短款羽绒服

图11-2-13 毛领宽门襟短款羽绒服

图11-2-14 机车款羽绒服

图11-2-15 四袋短款羽绒服

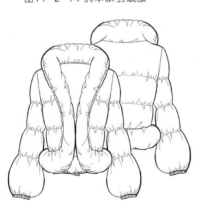

图11-2-16 对襟短款羽绒服

图11-2-17 松软面包短款羽绒服

图11-2-18 时尚面包款羽绒服

图11-2-19 交叉门襟短款羽绒服

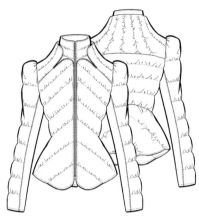

图11-2-20 收腰斜式绗缝羽绒服

图11-2-21 对襟交叉短款羽绒服

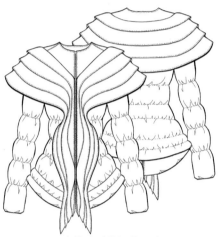

图11-2-22 大荷叶对襟短款羽绒服

图11-2-23 泡泡袖短款羽绒服

图11-2-24 多线组合短款羽绒服

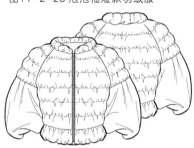

图11-2-25 拼接式短款羽绒服

图11-2-26 蝙蝠袖短款羽绒服

三、中长款羽绒服款式图欣赏（图11-2-27~图11-2-34）

图11-2-27 大毛领系带中长款羽绒服

图11-2-28 大开领系带中长款羽绒服

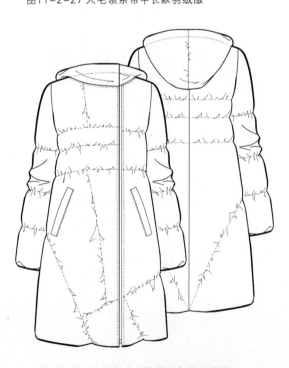

图11-2-29 连帽自由绗缝中长款羽绒服

图11-2-30 高领腰带中长款羽绒服

中长款羽绒服款式图

图11-2-31 大裙摆中长款羽绒服

图11-2-32 曲线绗缝对襟中长款羽绒服

图11-2-33 松紧袖口中长款羽绒服

图11-2-34 螺纹收口毛领中长款羽绒服

四、长款羽绒服款式图欣赏（图11-2-35~图11-2-48）

图11-2-35 大门襟宽袖长款羽绒服

图11-2-36 大圆领长款羽绒服

图11-2-37 连帽拼肩长款羽绒服

图11-2-38 对襟双层结构长款羽绒服

长款羽绒服款式图

图11-2-39 毛领长螺纹袖长款羽绒服

图11-2-40 斜襟装饰线长款羽绒服

图11-2-41 大裙摆无领长款羽绒服

图11-2-42 大翻领收腰系带长款羽绒服

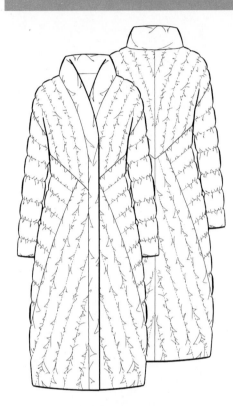

图11-2-43毛领长螺纹袖长款羽绒服

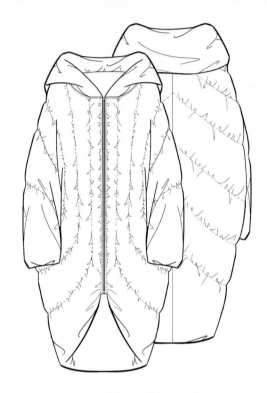

图11-2-44斜襟装饰线长款羽绒服

图11-2-45毛领长螺纹袖长款羽绒服

图11-2-46斜襟装饰线长款羽绒服

长款羽绒服款式图

图11-2-47 毛领长螺纹袖长款羽绒服

图11-2-48 斜襟装饰线长款羽绒服

五、中长款羽绒服款式图欣赏（图11-2-49~图11-2-70）

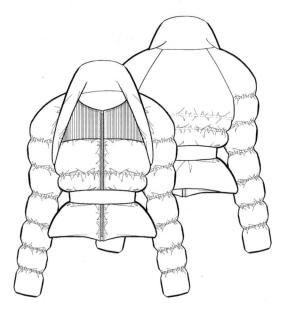

图11-2-49 机械感创意羽绒服

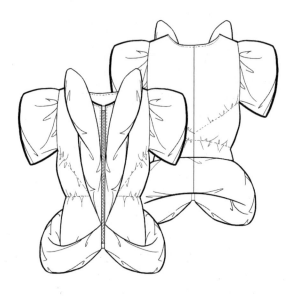

图11-2-50 太空感创意羽绒服

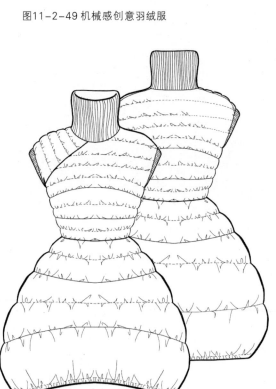

图11-2-51 花苞式创意羽绒服

图11-2-52 泡泡款创意羽绒服

中长款羽绒服款式图

图11-2-53 超大款创意羽绒服

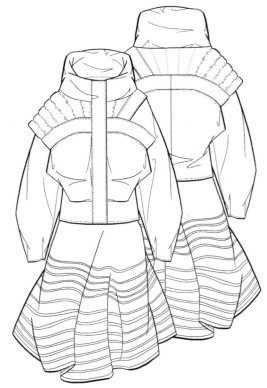

图11-2-54 两件式太空感创意羽绒服

图11-2-55 宽袖款创意羽绒服

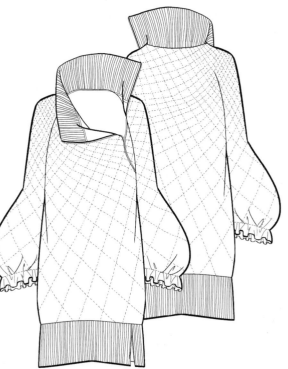

图11-2-56 斜襟式创意羽绒服

图11-2-57 钉珠款创意羽绒服

图11-2-58 两件式背带款创意羽绒服

图11-2-59 拼接造型款创意羽绒服

图11-2-60 大翻领长款创意羽绒服

图11-2-61 无袖长款创意羽绒服

图11-2-62 长螺纹收腰款创意羽绒服

图11-2-63 大立领长款创意羽绒服

图11-2-64 不规则裙摆长款创意羽绒服

图11-2-66 夸张造型款创意羽绒服

图11-2-65 不规则下摆长款创意羽绒服

图11-2-67 两件式拼接款创意羽绒服　　　图11-2-68 非对称侧襟创意羽绒服

图11-2-69 斜襟创意款羽绒服

图11-2-70 两件式修身创意羽绒服

参考文献

1.（美）玛卡瑞娜·圣·马丁. 服装细节设计1000例. 周洪雷，译. 南昌：江西美术出版社，2012.

2.（英）斯库特尼卡. 英国服装款式图技法. 陈炜，译. 北京：中国纺织出版社，2013.

3.（美）帕克. 服装设计师的速成手册——时装画的手绘表现技法. 齐颀，译. 上海：上海人民美术出版社，2014.

4. 刘蓬. 服装手绘效果图表现技法. 沈阳：辽宁美术出版社，2014.

5. 郭琦，方毅，关向伟，等. 手绘服装款式设计1000例. 上海：东华大学出版社，2013.

6. 凯瑟琳·哈根. 最新美国时装画技法教程. 2版. 罗悦茜，译. 北京：中国轻工业出版社，2012.